助力乡村振兴
出版计划

【现代养殖业实用技术系列】

特色鸡蛋生产技术

主　　编　詹　凯

副 主 编　李俊营

编写人员　李　岩　刘　伟　马瑞钰

　　　　　沈学怀　万　意

时代出版传媒股份有限公司

安徽科学技术出版社

图书在版编目(CIP)数据

特色鸡蛋生产技术 / 詹凯主编.-–合肥:安徽科学技术出版社,2023.12(2024.11重印)

助力乡村振兴出版计划.现代养殖业实用技术系列

ISBN 978-7-5337-8862-9

Ⅰ.①特… Ⅱ.①詹… Ⅲ.①卵用鸡-饲养管理 Ⅳ.①S831.4②TS253.4

中国国家版本馆 CIP 数据核字(2023)第 211391 号

特色鸡蛋生产技术　　　　　　　　　　　　　　　主编 詹 凯

出 版 人:王筱文　选题策划:丁凌云　蒋贤骏　陶善勇　责任编辑:李 春

责任校对:程 苗 责任印制:梁东兵　　　　　　　　装帧设计:冯 劲

出版发行:安徽科学技术出版社　　　　http://www.ahstp.net

(合肥市政务文化新区翡翠路 1118 号出版传媒广场,邮编:230071)

电话:(0551)63533330

印　　制:合肥华云印务有限责任公司　　电话:(0551)63418899

(如发现印装质量问题,影响阅读,请与印刷厂商联系调换)

开本:720×1010　1/16　　　印张:8.25　　　字数:107 千

版次:2023 年 12 月第 1 版　　　印次:2024 年 11 月第 2 次印刷

ISBN 978-7-5337-8862-9　　　　　　　　　　定价:35.00 元

出版说明

　　"助力乡村振兴出版计划"(以下简称"本计划")以习近平新时代中国特色社会主义思想为指导,是在全国脱贫攻坚目标任务完成并向全面推进乡村振兴转进的重要历史时刻,由中共安徽省委宣传部主持实施的一项重点出版项目。

　　本计划以服务乡村振兴事业为出版定位,围绕乡村产业振兴、人才振兴、文化振兴、生态振兴和组织振兴展开,由《现代种植业实用技术》《现代养殖业实用技术》《新型农民职业技能提升》《现代农业科技与管理》《现代乡村社会治理》五个子系列组成,主要内容涵盖特色养殖业和疾病防控技术、特色种植业及病虫害绿色防控技术、集体经济发展、休闲农业和乡村旅游融合发展、新型农业经营主体培育、农村环境生态化治理、农村基层党建等。选题组织力求满足乡村振兴实务需求,编写内容努力做到通俗易懂。

　　本计划的呈现形式是以图书为主的融媒体出版物。图书的主要读者对象是新型农民、县乡村基层干部、"三农"工作者。为扩大传播面、提高传播效率,与图书出版同步,配套制作了部分精品音视频,在每册图书封底放置二维码,供扫码使用,以适应广大农民朋友的移动阅读需求。

　　本计划的编写和出版,代表了当前农业科研成果转化和普及的新进展,凝聚了乡村社会治理研究者和实务者的集体智慧,在此谨向有关单位和个人致以衷心的感谢!

　　虽然我们始终秉持高水平策划、高质量编写的精品出版理念,但因水平所限仍会有诸多不足和疏漏之处,敬请广大读者提出宝贵意见和建议,以便修订再版时改正。

本册编写说明

　　我国是蛋鸡养殖大国,鸡蛋产量和消费量长期居世界第一。近几年,饲料价格起伏不定、新冠肺炎疫情暴发、禽流感疫情等对我国蛋鸡产业发展产生了一定的影响。畜牧业的结构调整和乡村振兴战略的实施,促使我国蛋鸡产业转型升级不断深化。目前,我国蛋鸡产业转型升级加快,规模化养殖比重逐渐提高,自主培育了京红1号蛋鸡、京粉1号蛋鸡、神丹6号绿壳蛋鸡等一批蛋鸡品种(配套系),蛋鸡饲料营养、疫病防控和环境控制等取得了一定进展,蛋鸡养殖智慧化和数字化水平不断提高,蛋鸡养殖业正处于关键的战略转型期。但是,我国蛋鸡产业仍存在养殖利润波动范围大、蛋鸡产业链发展不均衡、鸡蛋消费升级优化调整以及农村地区蛋鸡养殖环境污染等问题。

　　本书结合当前我国蛋鸡生产实际,共分五章介绍了鸡场建设和设施设备、蛋鸡主导品种、蛋鸡饲养管理技术、优质鸡蛋生产、蛋鸡常见疾病防治等方面的内容,较为系统地讲述了蛋鸡优质高效生产技术。全书内容力求结合蛋鸡产业发展的实际需要,力求实现理论通俗化、技术实用化。

目　录

第一章　鸡场建设和设施设备 ………………………………… 1

第一节　蛋鸡场选址和布局 …………………………………… 1

第二节　鸡舍建筑 ……………………………………………… 4

第三节　养殖设备 ……………………………………………… 6

第二章　蛋鸡主导品种 ………………………………………… 19

第一节　褐壳蛋鸡 ……………………………………………… 19

第二节　粉壳蛋鸡 ……………………………………………… 22

第三节　白壳蛋鸡 ……………………………………………… 30

第四节　绿壳蛋鸡 ……………………………………………… 32

第三章　蛋鸡饲养管理技术 …………………………………… 34

第一节　蛋鸡生物学特性和饲养方式 ………………………… 34

第二节　雏鸡饲养管理 ………………………………………… 40

第三节　育成鸡饲养管理 ……………………………………… 51

第四节　产蛋鸡饲养管理 ……………………………………… 56

第五节　人工强制换羽技术 …………………………………… 65

第四章　优质鸡蛋生产 ………………………………………… 71

第一节　蛋黄颜色调控技术 …………………………………… 71

第二节　鸡蛋微量元素富集技术 ………………………………… 75

第三节　鸡蛋蛋重的影响因素和调控技术 ………………… 78

第四节　鸡蛋气味的影响因素和调控技术 ………………… 82

第五章　蛋鸡常见疾病防治 ………………………… 85

第一节　蛋鸡免疫技术 ………………………………… 85

第二节　蛋鸡常规保健技术 …………………………… 90

第三节　蛋鸡常见疾病诊治 …………………………… 93

第一章 鸡场建设和设施设备

我国蛋鸡产业转型升级加快,不管是老旧鸡场改扩建,还是新建蛋鸡场,面临的首要问题是鸡场选址和布局、鸡舍规范化建设以及养殖设备选型等,这些问题对蛋鸡饲养管理、疫病防控、粪污处理、蛋品质量等有重要的影响。因此,应高度重视鸡场建设和设施设备选择。本章介绍了蛋鸡场选址和布局、鸡舍建筑和养殖设备等,为蛋鸡场建设提供参考。

▶ 第一节 蛋鸡场选址和布局

蛋鸡场的选址非常重要,在选址时既要考虑在生产过程中保障蛋鸡健康及蛋肉产品的质量安全,又要考虑到养鸡场和周围环境的相互关系。因此,在建场前应对蛋鸡场的选址进行全面了解和综合考察,首先应综合考虑土地性质、必备证件、周围环境是否符合蛋鸡场建设条件,其次要考虑地形地貌、水源水质、土壤土质、交通条件和电力供应等,确保蛋鸡场建成后能运行顺利。

一 蛋鸡场选址

1.地形地貌

蛋鸡场建设用地应避开基本农田和禁养区,宜选建在地势高燥、向阳背风、通风和排水良好的地方,远离水源地、风景名胜区、河流、沼泽、湖

泊等,避开山坳和谷底。鸡场内地形宜平整、开阔、面积充足,有利于施工时建筑物排列布局和建立防护设施,以及后期扩大生产规模。

在平原地区,蛋鸡场应选建在地势较高之处。在丘陵地带及山区,蛋鸡场应选建在背风向阳的半山腰。在山区建场时,山区昼夜温差大,需格外重视鸡舍保温隔热性能设计,增加鸡舍密闭性。同时应尽可能避开坡底和风口,避免蛋鸡场遭受山洪、暴风雪等极端天气的侵袭。

2.水源水质

蛋鸡场要求水源充足、获取方便,能够满足鸡场内用水需求。水质良好,水中无有毒有害物质,无异味,酸碱度、硬度适中,符合《无公害食品畜禽饮用水水质》(NY 5027—2008)规定的要求。

蛋鸡场应有备用水井,能够应对极端持续高温天气的影响。水井宜建在粪便堆放场等污染源的上方和地下水位的上游,水量丰富,水质良好,取水方便,但是应避免在低洼沼泽或容易积水的地方打井。水井附近30米范围内不得有渗水的厕所、粪坑、垃圾堆等污染源。

蛋鸡场采用地表水作为水源时,必须进行净化和消毒,使之满足蛋鸡饮用水水质标准。净化可采取过滤法或沉淀法等,消毒可采取氯化消毒法。

3.地质和土壤

蛋鸡场选址应避开地质断层地带、山体滑坡和塌陷地段。土壤以砂壤土为宜,未被有毒物质和致病微生物污染,避免影响鸡群健康和某些有毒物质在鸡体内残留导致食品安全问题。

4.交通条件

蛋鸡场应选建在交通便利、靠近公路的地方,方便饲料、鸡蛋、淘汰鸡等物品的运输。因此,蛋鸡场应距离主要铁路2 000米、主要公路400米和次要公路100~200米,并远离村庄、大型施工现场、烟花爆竹工厂等地方,一方面能够避免鸡场产生的气味及废弃物污染周边环境和影响居民生活,另一方面也能减少人员活动对蛋鸡场生物安全的危害。

进出蛋鸡场的道路宽度和路基厚度应根据鸡场的规模、运进运出货物量来确定,应具有较高强度,能够保证载重运输车辆高频率通过,路面宽度4~8米,保证两辆中型车顺利错车。

5.电力供应

蛋鸡场应有稳定的电力供应。此外,蛋鸡场应自备发电机组,供突发停电时应急使用。

二 蛋鸡场布局

蛋鸡场可以分为生活区、生产区和隔离区3个功能区,各功能区应界限分明、严格分开并保持一定的距离,有利于集中管理和蛋鸡场生物安全控制。

蛋鸡场合理布局至关重要,规划布局时应充分考虑所在地区风向、地形地貌、降雨降雪情况、极端天气发生频率、建筑物种类和数量等多种因素,尽可能做到科学合理、整齐美观、操作便捷、场地利用率高。

1.生活区

生活区主要为员工居住、办公及物资储存的地方,包括宿舍、食堂、配电房、水塔、疫苗药品库等建筑。

生活区是蛋鸡场和外界交流沟通的区域,应设在蛋鸡场内上风向处,生活区入口处应设立消毒池和消毒通道。

2.生产区

生产区是整个蛋鸡场的重要区域,包括育雏育成舍、产蛋舍等建筑。一般来说,育雏育成舍应位于生产区上风向,产蛋舍位于生产区下风向。为了满足防火要求,两栋鸡舍的间距宜大于15米。

生产区道路应严格区分为净道和污道，净道主要用于饲养管理人员进出和运送饲料、鸡蛋等物品，污道主要用于运输病死鸡、鸡粪等，净道和污道严禁交叉使用，并定期消毒。

3.隔离区

隔离区是蛋鸡场内病死鸡、鸡粪等污物集中处理的区域，致病微生物多，是卫生防疫和环境保护的重点，应设于蛋鸡场下风向和地势最低处，与其他功能区的距离应大于 50 米。隔离区内布置鸡粪堆肥发酵设施设备和堆放车间、病死鸡焚尸炉或化尸池等废弃物处理设施和设备。

▶ 第二节　鸡舍建筑

鸡舍建筑是蛋鸡养殖的主要设施，鸡舍建筑设计必须建立在科学的基础上，才能降低外界环境条件的影响，为蛋鸡创造适宜的生活环境，使其充分发挥生产潜力。根据鸡舍建筑结构类型，蛋鸡舍建筑可分为密闭式鸡舍、开放式鸡舍和半开放式鸡舍。根据养殖蛋鸡的生产阶段，可以分为育雏育成舍和产蛋舍。

一　鸡舍建筑类型

我国蛋鸡养殖呈现为"小规模、大群体"的特点，小规模农户养殖和大规模集约化饲养并存，再加上各地气候、环境、资金、技术、人员等方面的差异，导致我国鸡舍建筑类型多种多样，有密闭式鸡舍、半开放式鸡舍、开放式鸡舍、有窗封闭式鸡舍、塑料大棚鸡舍、连栋鸡舍和地下鸡舍等。

目前，受养殖用地紧张、劳动力成本升高等因素的影响，单栋鸡舍蛋鸡存栏规模呈增加趋势，为了较好地控制鸡舍内空气环境质量和保障鸡舍生物安全，鸡舍建筑类型应选择密闭式鸡舍。如果饲养一些抗逆性强的蛋鸡品种或地方品种,也可选择半开放式鸡舍。气候比较炎热的地区,也可采取开放式鸡舍。现将密闭式鸡舍、开放式鸡舍和半开放式鸡舍简单介绍如下。

1.密闭式鸡舍

密闭式鸡舍也叫无窗鸡舍,仅在鸡舍侧墙顶端安装可开闭的通风小窗。鸡舍内安装鸡笼、自动喂料、自动饮水、自动清粪、人工光照、湿帘风机通风降温系统等设施设备。鸡舍内安装温湿度传感器等,实时监控鸡舍内环境指标,并根据监测到的温湿度等环境参数自动调控舍内空气环境质量,为蛋鸡生长发育和产蛋创造适宜的环境。

密闭式鸡舍内环境安静,鸡群受外界噪声等干扰较小,能够充分发挥蛋鸡遗传性能。

2.开放式鸡舍

开放式鸡舍是指充分利用所在位置自然气候与环境条件,采取自然通风或仅配备少量通风设备的鸡舍。通常开放式鸡舍只有顶棚,可以遮蔽阳光及雨、雪,四边无墙体结构。冬季寒冷天气时,鸡舍侧边用简易的塑料薄膜或草帘围护,用于隔绝舍外严寒。

开放式鸡舍结构简单、造价低,基础建设投入少。但是开放式鸡舍密闭性差,鸡舍内空气环境调控能力较差,蛋鸡健康及生产性能受外界环境影响大。

3.半开放式鸡舍

半开放式鸡舍是一种介于开放式鸡舍和密闭式鸡舍之间的鸡舍,它充分利用自然环境条件,结合人工和机械化控制,实现了蛋鸡养殖自然条件和人工条件有机结合。半开放式鸡舍安装人工光照、自动喂料、自动饮水、机械化通风等饲养管理设施设备。与密闭式鸡舍相比,半开放式鸡舍冬季易出现舍内温度低、有害气体浓度超标、粉尘浓度高等问题,夏季

容易出现鸡舍温度高、通风降温效果不理想而产生热应激等问题,在一定程度上影响蛋鸡健康和生产水平。

二 生产鸡舍类型

1.育雏育成舍

在蛋鸡两阶段生产模式中,将雏鸡(0~6周龄)和青年鸡(7~18周龄)两个生产阶段合并,鸡群饲养于同一栋鸡舍,即育雏育成舍。

育雏育成舍屋顶不宜过高,鸡舍屋顶应铺设保温材料,墙体宜加厚或加保温层,增强鸡舍的保温隔热性能。鸡舍内地面应平整,排水性能良好。育雏育成舍应安装供暖系统、饮水系统、饲喂装置、湿帘风机通风降温系统、清粪系统、防鼠害和防鸟设施等,为雏鸡创造适宜生长发育的环境。

2.产蛋舍

将蛋鸡从产蛋阶段饲养至淘汰阶段的鸡舍即产蛋舍。蛋鸡18周龄后逐渐开始产蛋,应在蛋鸡开始产蛋前将其从育雏育成舍转移至产蛋舍。

产蛋舍可根据当地气候条件选择合适的鸡舍类型,从鸡舍环境控制和生物安全角度考虑,首选密闭式鸡舍。产蛋舍应安装湿帘风机通风降温系统、人工光照系统等设施设备,为蛋鸡生产创造适宜的环境,充分发挥蛋鸡遗传性能。

▶ 第三节 养殖设备

鸡舍是蛋鸡养殖设施设备集中区域,主要养殖设施设备包括笼具、饲喂设备、饮水设备、清粪设备、自动化集蛋设备、环境控制设备等。

一 笼具

　　笼具是蛋鸡养殖的主要设备,不同类型的笼具适用于不同的鸡群。蛋鸡笼具根据笼具组合形式可以分为阶梯笼和层叠笼;根据几何尺寸可以分为深型笼和浅型笼;根据产蛋阶段可以划分为育雏笼、育成笼、产蛋笼、育雏育成笼、种鸡本交笼等。下面简要地介绍阶梯笼、层叠笼、育雏育成笼和产蛋笼。

　　1.阶梯笼

　　阶梯笼可以分为全阶梯笼和半阶梯笼。全阶梯笼组装时上下两层笼完全错开,鸡粪直接落到粪沟或履带式清粪带上面。全阶梯笼结构简单,停电或机械故障时可以人工操作,各层笼敞开面积大,通风和光照面大;通常为2~3层,饲养密度低,每平方米10~12只。

　　半阶梯笼上下两层笼之间有1/4~1/2的部分重叠,下层重叠部分按一定角度安装挡粪板,粪便直接落到粪沟或履带式清粪带上面(图1-1)。半阶梯笼通风效果比全阶梯笼差一些,饲养密度为每平方米15~17只。

　　2.层叠笼

　　层叠笼上下两层笼完全重叠,饲养密度大大提高,常见的有3~8层,鸡舍面积利用率高,如图1-2所示。层叠笼固定资产投入高,对鸡舍的建

图1-1　阶梯笼

图1-2　层叠笼

筑、通风设备、清粪设备等要求较高,机械化程度高,但是不便于观察鸡群,病死鸡捡出存在一定的困难。

3.育雏育成笼

育雏育成笼是一种可饲养雏鸡(0~6周龄)和育成鸡(7~18周龄)的笼具,育雏后无须转笼,雏鸡育成后直接转入产蛋笼。这种笼具在蛋鸡两阶段生产模式中普遍使用。这种蛋鸡两阶段生产模式减少了一次转群操作,减小了劳动强度和转群对雏鸡产生的应激。使用育雏育成笼时,一般先将雏鸡放在笼具的中间层,随着雏鸡日龄增加,逐渐分散到笼具的上层和下层。

4.产蛋笼

产蛋笼根据几何尺寸可分为深型笼和浅型笼,深型笼笼深50厘米,浅型笼笼深30~35厘米。与深型笼相比,浅型笼蛋鸡采食空间更大些。

商品蛋鸡产蛋期主要采用阶梯笼或层叠笼养殖。受人工成本、土地等因素的影响,单栋蛋鸡存栏数量逐渐增加,层叠笼的使用比例逐渐增大。

蛋种鸡采取自然交配配种方式时,可以使用种鸡本交笼;采用人工授精方式时,可以使用阶梯笼或层叠笼;种鸡进行纯系个体产蛋记录时,可以使用单体笼。

二 饲喂设备

喂料是蛋鸡生产中劳动量较大的工作,蛋鸡饲喂宜使用机械饲喂设备。笼养蛋鸡场的饲喂设备包括饲料罐车、料塔、称重装置、输送装置、喂料机、料槽等,小型笼养蛋鸡场常见的饲喂设备有输送装置、行车式喂料机等。平养蛋鸡饲喂设备主要有塞盘式喂料机和链式喂料机、料桶等。下面介绍一下笼养蛋鸡场的饲喂设备。

1.料塔和饲料罐车

单栋存栏规模较大的蛋鸡舍可配置料塔,料塔为漏斗形,安装在鸡舍外部(图 1-3)。料塔由料仓、翻盖、爬梯、立柱、防雨罩等部分组成,料塔上半部分为圆柱体,下半部呈锥形体,锥形部分设有透视孔,方便察看料塔中饲料的料位。料塔一般使用镀锌板经全自动数控冲床加工,自动一体成型机一次成型,防腐性能好,承载量大,使用年限长。料塔中的饲料由饲料罐车运送储存至料塔中。

饲料罐车用于从饲料厂向蛋鸡场及饲料加工用户运输散装饲料成品或饲料生产原粮。饲料罐车的饲料罐架设在卡车的底盘上,专用设施由罐体总成、输送系统(水平卸料系统、垂直卸料系统以及活动卸料系统组成)、液压系统、电动系统、气动分仓机构等组成。饲料罐车具有结构简单、性能可靠、输送量大、操控方便、机动性强、对物料无污染等特点。

2.料塔称重装置

料塔称重装置由称重传感器、安装下法兰、安装上法兰、料塔称重控制终端等组成,料塔传感器安装在料仓立柱底座,通过料塔称重控制终端将传感器信号转换为重量信号,并在显示面板上显示。饲养管理人员

图 1-3 料塔

通过料塔称重装置能够实时掌握料塔中饲料存量和每次添加量,方便了解鸡群饲料消耗量和及时补充饲料。

3.饲料输送装置

饲料输送装置一般为绞龙螺旋输送机,由输送管、螺旋轴、驱动端和卸料口等部分组成,可水平、倾斜或垂直布置,由电机驱动螺旋叶片将饲料从进料口或料塔均匀地输送到喂料机。

4.行车式喂料机

笼养蛋鸡通常采用行车式喂料机(图1-4),行车式喂料机主要由驱动部件、料箱、落料口等组成。根据料箱的配置不同,行车式喂料机可分为顶料箱行车和跨笼料箱行车;根据动力配置不同,可分为牵引式行车和自走式行车。

顶料箱行车式喂料机的料桶设在鸡笼顶部,料箱能够装有本列笼具蛋鸡所需的饲料量。喂料时驱动部件工作牵引料箱行走,料箱底部的绞龙转动将饲料推送出料箱,沿滑管均匀投入到料槽中。跨笼料箱行车式喂料机每列食槽上都跨坐一个矩形小料箱,料箱下部呈斜锥状,锥形扁口坐在食槽中,当驱动部件运转带动跨笼箱沿鸡笼移动时,饲料便沿锥面下滑落到食槽中,完成喂料作业。

牵引式行车的牵引驱动部件安装于行车轨道一端,电机减速器通过驱动轮、钢丝绳牵引着料箱沿轨道运行来完成喂料作业。自走式行车的牵引驱动部件和顶料箱安装在一起,直接以链轮驱动料箱沿轨道运行,完成喂料作业。

图1-4　行车式喂料机

三 饮水设备

蛋鸡饮水系统包括水泵、水塔、过滤器、饮水器以及管道设施等。蛋鸡常用饮水器有真空饮水器、普拉松饮水器、乳头饮水器等。使用乳头饮水器时还应配备自动加药器。

1.真空饮水器

真空饮水器由水罐和饮水盘两部分组成(图1-5)。使用时,将水罐灌满水后,将饮水盘扣紧,随后翻转放置于育雏育成笼内,供给雏鸡饮水。

真空饮水器一般用于10日龄之内的雏鸡饮水。每天需要人工多次加水,费时费力,而且水易被污染,因此,真空饮水器每天需要清洗1~2次,鸡群规模较大和饮水量大时不宜使用。

2.普拉松饮水器

普拉松饮水器由饮水碗、活动支架、弹簧、封水垫及安装在支架上的主水管、进水管等部分组成。普拉松饮水器是利用鸡饮水后饮水碗内外产生的大气压强差,使得水由主水管自动进入到饮水碗实现自动添水。这种饮水方式能够节省劳动力,常用于蛋鸡平养模式,每天需要人工清洗1~2次。

3.乳头饮水器

乳头饮水器广泛应用于蛋鸡养殖(图1-6),雏鸡、育成鸡和产蛋鸡均适用。乳头饮水器管道密封性能良好,蛋鸡所需饮用水不直接暴露于鸡

图1-5 真空饮水器

图1-6 乳头饮水器

舍,能够有效避免灰尘、细菌等进入水中;同时避免鸡因饮水而造成交叉感染,有利于鸡群健康和卫生防疫,降低疾病传播。与真空饮水器相比,乳头饮水器能够有效降低劳动强度,提高劳动效率。

（四）清粪设备

蛋鸡场常见的清粪设备有刮粪板清粪系统和履带式清粪系统。

1.刮粪板清粪系统

刮粪板清粪系统由电动机、减速器、刮板、牵引绳和转向开关等部分组成。刮粪板清粪系统适用于阶梯笼,安装在阶梯笼垂直向下地面上的粪沟内。清粪时,可根据舍内蛋鸡存栏量及粪便增加量调节刮板开启频率。这种清粪方式简单易行,由于设备机械部件如牵引绳容易断裂等,应加强清粪系统的维护。

2.履带式清粪系统

履带式清粪系统适用于蛋鸡笼养模式。履带式清粪系统由鸡舍内的纵向履带清粪设备、横向履带清粪设备以及鸡舍外斜向带式输送机三部分组成,由电机、减速机、链传动、主动辊、被动辊和履带等部分组成。履带应选择质量好、强度高、不易胀缩的优质履带。层叠式笼养履带式清粪,是在每层鸡笼的下面均安装一条纵向清粪带。阶梯式笼养履带式清粪,则是在最下层鸡笼距离地面10~15厘米处安装一条清粪履带。

履带式清粪系统经常出现的问题有清粪带跑偏、粪带上鸡粪稀薄及清粪时驱动辊转动而清粪带不动等问题,应根据不同情况采取相应的处理方法,并定期维护,使履带式清粪系统平稳运行。

（五）集蛋设备

集蛋可采取人工收集或自动化集蛋设备收集等方式。人工集蛋适合规模较小的蛋鸡场,集蛋效率较低。自动化集蛋设备可以将鸡蛋全部收集在一个地方供员工进行处理,集蛋效率较高,有助于降低劳动强度和减少人工成本。

1.笼养蛋鸡自动化集蛋设备

自动化集蛋设备由导入装置、拾蛋装置、导出装置、缓冲装置、输送装置、扣链齿轮以及长降链条、自动计数器、控制系统等部分组成。大型集蛋系统由多个自动化集蛋设备和输送装置组成,将鸡蛋集中运输到鸡蛋处理车间,进行清洗、打蜡和包装等。

2.自动产蛋箱

自动产蛋箱适用于蛋鸡平养模式,蛋鸡将鸡蛋产在产蛋箱中,然后通过输送装置将鸡蛋输送到捡蛋台上或通过输送装置将鸡蛋输送到鸡蛋处理车间,进行后端处理和包装。自动产蛋箱可以提高生产效率,减少窝外蛋,降低鸡蛋破损率,并为蛋鸡提供安静舒适的产蛋空间。

六 环境控制设备

1.光照系统

鸡舍光照系统由光源和控制系统组成。目前蛋鸡养殖场常见光源有Led灯和荧光灯。灯具一般安装在走道上方,灯具应交叉布置排列,保证鸡舍内各处光照强度相对一致。

荧光灯具有光效高、寿命长、成本低等特点,广泛应用于蛋鸡养殖场,但是对于蛋鸡来说,存在频闪这一比较致命的缺点。Led灯因其能耗低、光利用率高、寿命长、可调控性强、无频闪、无辐射、环保节能等优点,广泛应用于蛋鸡场。Led灯可以调控光色和模拟自然日出日落,将是今后蛋鸡光照的首选光源。

光照控制系统应能根据蛋鸡对光照时间的需求,自动实现灯具开启和关闭。灯具的开启和关闭允许与光谱调制一起模拟自然的日出和日落

（模拟自然日落,可以让蛋鸡舒适地休息）。在光周期控制中,不能突然开启和关闭灯具,这样会造成家禽惊恐,灯具的开启和关闭需要渐变过程。此外,还需要控制光周期过程中的频闪,包括渐变开启和渐变关闭的调光过程的频闪,灯具开启需要无频闪逐渐开启,灯具关闭需要无频闪逐渐关闭。

2.通风系统

为了给蛋鸡创造舒适的环境,蛋鸡舍应安装湿帘风机通风降温系统,实现鸡舍环境的可控性。湿帘风机通风降温系统由风机、湿帘、通风小窗、环境控制器、水池等部分组成。

（1）风机。蛋鸡养殖场应根据鸡舍通风量和通风系统的阻力选用适宜的风机,风机数量应满足鸡舍最大通风量要求。风机功率应大小搭配,以满足不同季节的通风需要。正压通风宜选择离心风机、高压翼式轴流风机和中压涡轮式轴流风机,负压通风宜选择低压大流量的轴流风机,轴流风机外宜配导流罩。风机的安装位置根据通风形式确定,纵向通风风机宜安装在鸡舍污道端的山墙或与山墙相邻的侧墙上,对称安装（图1-7）;横向通风风机宜安装在一侧或两侧的侧墙上。

图1-7 风机

（2）进气口。鸡舍进气口包括湿帘和通风小窗等。进气口的面积应与鸡舍通风量相匹配。正压通风进气口通常安装在鸡舍的山墙上，高度与屋檐一致。横向负压通风进气口安装在鸡舍檐口的侧墙上。夏季纵向负压通风进气口（湿帘）安装在鸡舍净道端的山墙上或与该山墙紧邻的侧墙上，对称分布安装，过帘风速 1.5~2.0 米 / 秒；冬季进气口（通风小窗）沿鸡舍纵墙均匀分布安装。

（3）环境控制器。环境控制器是鸡舍通风系统的核心。环境控制器主要由环境信息智能采集系统、通信网络系统、鸡舍环境自动调控系统等部分组成。鸡舍环境信息智能采集系统通过各种传感器如温湿度传感器、二氧化碳传感器等对鸡舍内环境参数（如温度、相对湿度、二氧化碳浓度等）进行实时自动监测和采集，并传输至采集终端。通信网络系统是指通过光纤、网络、通信等方式进行数据通信。鸡舍环境自动调控系统根据采集终端获得的数据，对鸡舍环境进行判断，通过调控风机开启数量和时间以及进气口面积（通风小窗和湿帘），实现鸡舍环境（包括光照、温度、相对湿度等）的自动化控制。此外，一些环境控制器还具有光照控制、饲喂控制、清粪控制等功能。

3.加温设备

育雏舍或育雏育成舍需安装加温设备。根据供暖热介质的种类，加温设备可分为热风供暖系统、热水供暖系统和蒸汽供暖系统。蛋鸡养殖场常见的供暖系统有热风供暖系统和热水供暖系统。

（1）热风供暖系统。热风供暖系统由热源、空气换热器、风机和送风管道、微电脑自控箱等部分组成。热源主要是热风炉，由热风炉提供的热量加热空气换热器，用风机强迫温室内的部分空气流过换热器，当空气被加热后进入鸡舍内进行流动，如此不断循环，加热整个鸡舍。热风供暖系统具有热惰性小、升温快、室内温度分布均匀、温度梯度小、设备简单和

投资小等优点,广泛应用于育雏舍或育雏育成舍。

（2）热水供暖系统。热水供暖系统由热源、输热管道、水泵、散热器和膨胀水箱等组成。热源可以是燃煤锅炉、燃气锅炉、地源热泵、水源热泵、太阳能以及混合热源等。散热器在鸡舍内有多种形式,如散热器片和散热管等。散热器片在鸡舍内应合理分布,使鸡舍温度均匀,避免鸡舍前端温度高后端温度低。散热管可以分布在地面,以辐射形式进行,做成地暖供热系统,热量散发比较均匀。散热管也可以分布在每层笼具的下面,根据需要对雏鸡进行供暖。

热水供暖系统的工作原理是水在热源内被加热后,密度减小,同时受从散热器流回来的密度较大的回水驱动,沿着供水管路流入散热器,如此循环流动,给鸡舍加热。热水供暖系统的热能利用率高,输送时热损失较小,散热设备不易腐蚀,使用周期长,系统操作方便,运行安全,也广泛应用于鸡舍供暖。

（七）消毒设备

消毒设备是蛋鸡场环境、空气和物品消毒必不可少的设备。常见的消毒设备有背负式电动喷雾器、高压冲洗消毒器和自动喷雾消毒系统等,背负式电动喷雾器和高压冲洗消毒器可用于环境、鸡舍空气和物品消毒以及带鸡消毒,自动喷雾消毒系统安装在鸡舍内,仅用于带鸡消毒。

1.背负式电动喷雾器

背负式电动喷雾器是一种肩背式的小型喷雾器,携带方便,可用于物品消毒和鸡舍内日常消毒等。电动喷雾器由喷桶、滤网、连接头、抽吸器（小型电动泵）、连接管、喷管、喷头等部分组成。新买的电动喷雾器充满电需要 12 小时,使用前应充满电,如果长时间不使用,最好 3 个月充一次电,有利于保护电池寿命。

使用时应按照比例配好消毒剂,然后把药液通过过滤网倒进喷桶内,不要用非水溶性粉末,以免导致堵塞。使用完首先要用干净的清水装满喷桶,按下电源开关进行喷洒清洗,然后抹干净后,放在通风干燥的地方保存。

2.高压冲洗消毒器

高压冲洗消毒器由高压泵、电机、储水桶、水管、高压喷枪、高压喷头、开关控制装置、调压阀、过载保护装置、漏电保护装置等组成(图1-8),可用于鸡舍清洗消毒和带鸡消毒等。

使用高压冲洗消毒器前应检查设备,确保设备电源接线正确,水路畅通或水量满足冲洗消毒作业要求,检查并确认设备主开关处在"停"的位置。

图1-8 高压冲洗消毒器

应严格按照操作程序和说明进行使用,使用时应避免水管缠绕导致进水不畅,并避免漏电导致发生意外。高压冲洗消毒器带鸡消毒时喷头喷出的雾滴不大于20微米,应尽量减少对蛋鸡产生的应激。使用时设备发生故障时,必须请专业维修人员进行维修,避免发生危险。

设备使用完毕后,应断开主电源,将电源线盘起收好;关闭进水,拆除进水管路,清空设备内的余水,将水管盘起收好;将设备存放在干净且干

燥的地方。

3.自动喷雾消毒系统

自动喷雾消毒系统由主机、管路、喷头和控制器等部分组成。研究表明,自动喷雾消毒系统在带鸡消毒时效果较好,对蛋鸡产生的应激也相对较小。通常一列鸡笼上方可以安装一列喷头,喷头的布置应使水雾直接喷射到周边空间,喷头的数量应根据喷雾强度、喷射面积和喷头特性确定。使用时,将消毒剂按照使用说明配制好,系统将消毒剂通过输送管路由喷头雾化成 5~20 微米的雾滴,雾滴自然落下,从而达到带鸡消毒的效果。

第二章

蛋鸡主导品种

目前，我国饲养的主要蛋鸡品种（配套系）由我国自主培育和从国外引进两大类蛋鸡组成。我国自主培育的蛋鸡品种有京红1号蛋鸡、京粉1号蛋鸡、京粉2号蛋鸡、大午京白939蛋鸡、大午粉1号蛋鸡、农大3号小型蛋鸡、苏禽绿壳蛋鸡等。引进的蛋鸡品种（配套系）主要有海兰蛋鸡、罗曼蛋鸡等。

按照蛋壳颜色，蛋鸡品种可以分为褐壳蛋鸡、粉壳蛋鸡、白壳蛋鸡和绿壳蛋鸡等四大类。

▶ 第一节　褐壳蛋鸡

褐壳蛋鸡主要是指由以洛岛红为父系、洛岛白或白洛克等带银色显性伴性基因品种为母系杂交形成的配套系蛋鸡。褐壳蛋鸡商品代可自别雌雄，公雏绒毛银白色，母雏绒毛金黄色。褐壳蛋鸡性情温驯，适应性强，对应激因素的敏感性较低，啄癖少，死淘率较低，适合集约化规模化鸡场和新兴经营主体养殖。目前我国褐壳商品蛋鸡占蛋鸡存栏量的45%左右，主导品种有京红1号蛋鸡、海兰褐壳蛋鸡、罗曼褐壳蛋鸡、伊莎褐壳蛋鸡等。

一　京红1号蛋鸡

京红1号蛋鸡是北京市华都峪口禽业有限责任公司培育的三系配套

系蛋鸡,于2008年通过国家畜禽遗传资源委员会审定。京红1号蛋鸡具有饲料报酬高、产蛋性能高、存活率高和适应性强的特点。

1.外貌特征

成年母鸡体型中等结实,呈元宝形,全身羽毛红褐色,单冠,冠红色,冠齿数5~7个,耳叶红色,皮肤、喙和胫均为黄色,如图2-1。

2.生产性能

达50%产蛋率日龄139~142天,高峰产蛋率94%~97%,36周龄平均蛋重61.2克/个,19~72周存活率97%,19~72周饲养日平均产蛋数331.3个,产蛋平均总重20.4千克,

图2-1 京红1号蛋鸡

72周龄每只鸡日均耗料量111克。18周龄平均体重1.51千克,72周龄平均体重2.08千克。

二 海兰褐壳蛋鸡

海兰褐壳蛋鸡是美国海兰国际公司培育的四系配套褐壳蛋鸡品种,是我国饲养量较多的褐壳蛋鸡品种之一。

1.外貌特征

成年母鸡全身羽毛基本为红褐色,尾部上端少许白色。单冠,冠红色,耳叶基本上为红色,皮肤、喙和胫均为黄色,如图2-2。

2.生产性能

达50%产蛋率平均日龄140天,高峰产蛋率95%~96%,32周龄蛋重60.1~62.5克/个。0~17周存活率98%,18~60周存活率

图2-2 海兰褐壳蛋鸡

97%。开产到60周饲养日产蛋数257~266个,到90周饲养日产蛋数419~432个。18~100周每只入舍母鸡产蛋平均总重28.4千克,每只鸡日耗料量105~112克。20~60周饲料转化率(1.87~1.99):1。17周龄体重1.40~1.48千克,70周龄体重1.91~2.03千克。

三 罗曼褐壳蛋鸡

罗曼褐壳蛋鸡是德国罗曼公司育成的四系配套蛋鸡。罗曼褐壳蛋鸡具有适应性强、饲料消耗量少、产蛋量多和存活率高的特点。

1.外貌特征

成年母鸡体躯中等,全身羽毛红褐色,单冠,冠红色,冠齿数5~7个,喙和胫均为黄色,如图2-3。

2.生产性能

达50%产蛋率日龄140~145天,高峰产蛋率94%~96%,72周龄平均蛋重63.9克/个。0~17周存活率97%~98%,产蛋期存活率93%~95%。72周入舍母鸡平均产蛋数320个,95周入舍母鸡平均

图2-3 罗曼褐壳蛋鸡

产蛋数430个。18~72周每只入舍母鸡产蛋平均总重20.44千克,每只鸡日耗料量110~120克。产蛋期饲料转化率(2.0~2.2):1。17周龄体重1.38~1.46千克,70周龄体重1.96~2.08千克。

四 伊莎褐壳蛋鸡

伊莎褐壳蛋鸡是法国伊莎公司育成的四系配套杂交鸡,具有产蛋量高、产蛋期持久、整齐度较好和料蛋比较低的特点。

1.外貌特征

成年母鸡羽毛红褐色,部分主翼羽和尾羽间杂白色,单冠,喙、胫均为黄色,如图2-4。

2.生产性能

达50%产蛋率平均日龄145天,高峰产蛋率96.5%,32周龄平均蛋重62.0克/个。80周存活率94%,80周入舍母鸡平均产蛋数374个,90周入舍母鸡平均产蛋数425个。80周每只入舍母鸡产蛋平均总重23.4千克,每只鸡日均耗料量114.0克。80周饲料转化率2.08:1。18周龄体重1.44~1.51千克,80周龄平均体重1.94千克。

图2-4　伊莎褐壳蛋鸡

▶ 第二节　粉壳蛋鸡

粉壳蛋鸡品种主要是利用白来航鸡和褐羽蛋鸡选育而成的杂交鸡种。粉壳蛋鸡产蛋量多、饲料转化率高,成年鸡的体重介于褐壳蛋鸡和白壳蛋鸡之间。目前我国粉壳蛋鸡占蛋鸡存栏量的53%左右,按照蛋重可以分为普通蛋(平均蛋重>56克)和小蛋(大部分蛋重40~56克)品种,普通蛋品种占蛋鸡存栏总量的33%,主要有京粉1号蛋鸡、京粉2号蛋鸡、海兰灰蛋鸡、罗曼粉蛋鸡、海兰粉蛋鸡、大午金凤蛋鸡、大午粉1号蛋鸡、大午京白939蛋鸡等,小蛋品种占蛋鸡存栏总量的20%,主要品种有农大3号小型蛋鸡、农大5号小型蛋鸡、京粉6号蛋鸡、新杨黑蛋鸡等。

一 京粉1号蛋鸡

京粉1号蛋鸡是北京市华都峪口禽业有限责任公司培育的适合中国饲养环境、生产性能国际领先的优秀高产蛋鸡品种。京粉1号蛋鸡具有产蛋多、耗料少、蛋品好等特性。

1.外貌特征

成年母鸡体型清秀,背部、胸腹部羽毛呈灰浅红色,翅间、腿部和尾部呈白色,皮肤、喙和胫均为黄色,如图2-5。

2.生产性能

0~18周存活率98%,0~18周累计平均耗料6.33千克。达50%产蛋率日龄140~144天,高峰期产蛋率93%~97%,19~72周

图2-5 京粉1号蛋鸡

存活率97%。19~72周饲养日均产蛋数331.4个, 产蛋平均总重20.4千克,每只鸡日均耗料量109.5克。18周龄平均体重1.43千克,72周龄平均体重1.81千克。

（二）京粉 2 号蛋鸡

京粉2号蛋鸡是北京市华都峪口禽业有限责任公司培育的粉壳蛋鸡配套系,于2013年通过国家畜禽遗传资源委员会审定。京粉2号蛋鸡体型大小适中、蛋重大、死淘率低、淘汰鸡体重大、耐高温高湿气候,可在全国范围内饲养,更适合对蛋壳颜色和淘汰鸡体重有需求的地区。

图2-6 京粉2号蛋鸡

1.外貌特征

成年母鸡体型中等结实,全身羽毛白色,单冠,冠红色,冠齿数5~7个,耳叶白色,皮肤、喙和胫均为黄色,如图2-6。

2.生产性能

0~18周存活率98%,0~18周累计平均耗料6.36千克。达50%产蛋率日龄141~146天,高峰期产蛋率94%~98%,19~72周存活率

97%。19~72周饲养日平均产蛋数330个,产蛋平均总重20.1千克,每只鸡日均耗料量109.9克。18周龄平均体重1.47千克,72周龄平均体重1.94千克。

(三) 京粉6号蛋鸡

京粉6号蛋鸡是由北京市华都峪口禽业有限责任公司联合中国农业大学,以洛岛红和白来航为育种素材,自主培育而成的小蛋重型高产粉壳新配套系蛋鸡,2019年4月28日获得"畜禽新品种(配套系)证书"。京粉6号蛋鸡配套系具有蛋重小、产蛋多、死淘率低和体重适中等优点。

1.外貌特征

成年母鸡背部、胸腹部羽毛基本为红褐色,部分主翼羽和尾羽间杂白色。单冠,冠红色,冠齿数5~7个。皮肤、喙和胫均为黄色,如图2-7。

2.生产性能

0~18周存活率98%,0~18周累计平均耗料5.77千克。达50%产蛋率日龄138~142

图2-7 京粉6号蛋鸡

天,高峰期产蛋率95%~98%,19~72周存活率97%。19~72周饲养日平均产蛋数338.7个,产蛋平均总重18.9千克,每只鸡日均耗料量106克。18周龄平均体重1.34千克,72周龄平均体重1.82千克。

(四) 农大3号小型蛋鸡

农大3号小型蛋鸡是中国农业大学和北农大科技股份有限公司联合培育的优良配套系蛋鸡,于2004年通过国家畜禽遗传资源委员会审定。农大3号小型蛋鸡配套系具有体型矮小、节粮、饲料转化率高、抗病力强、蛋品优和淘汰鸡风味独特等特点。

1.外貌特征

成年母鸡体型矮小，呈楔形，颈羽红白花羽相间，背羽、鞍羽、腹羽以红斑羽为主，白色羽为辅，尾羽白色。单冠，冠红色，冠齿数 5~9 个，喙黄色，肉髯和耳叶红色，胫、趾黄色，胫细，胫较短，皮肤白色，如图 2-8。

2.生产性能

0~18 周存活率大于 97%，0~18 周累计

图 2-8　农大 3 号小型蛋鸡

平均耗料 4.67 千克。达 50%产蛋率日龄 145~154 天，高峰期产蛋率大于94%，产蛋期存活率大于 92%，平均蛋重 54 克/个。19~72 周饲养日平均产蛋数 300 个，每只鸡日均耗料量 90 克，料蛋比 1.99:1。18 周龄平均体重1.10~1.14 千克，成年平均体重 1.45~1.80 千克。

（五）农大 5 号小型蛋鸡

农大 5 号小型蛋鸡是中国农业大学和北农大科技股份有限公司联合培育的优秀蛋鸡品种，具有体型矮小、节粮、饲料转化率高、抗病力强、蛋壳深粉光泽度好、蛋品优质和淘汰鸡风味独特等特点。

1.外貌特征

成年母鸡体型矮小，呈楔形，体躯羽毛以红花羽为主，部分白羽，尾羽白色，单冠，冠红色，冠齿数 5~9 个，喙黄色，肉髯和耳叶红色，胫黄色，皮肤白色，如图 2-9。

2.生产性能

0~18 周存活率大于 98%，19~72 周存活率大于 96%，达 50%产蛋率平均日龄

图 2-9　农大 5 号小型蛋鸡

157 天,19~72 周饲养日平均产蛋数 292 个, 全期平均蛋重 54.3 克/个, 20~72 周每只鸡日均耗料量 89.0 克,产蛋期料蛋比 1.96:1,72 周龄平均体重 1.60 千克。

（六）大午粉 1 号蛋鸡

大午粉 1 号蛋鸡是河北大午农牧集团种禽有限公司和中国农业大学合作,利用京白 939 蛋鸡和罗曼蛋鸡为育种素材,成功培育的三系配套蛋鸡,具有开产日龄、蛋重和体重适中以及产蛋量多、适应性强的特点。

1. 外貌特征

成年母鸡体型适中, 全身羽毛白色, 单冠,冠红色,肉垂红色,喙为褐黄色,胫和皮肤均为黄色,如图 2-10。

2. 生产性能

0~18 周存活率大于 95.3%,0~18 周累计平均耗料 6.90 千克。达 50%产蛋率日龄 144~147 天,高峰期产蛋率大于 95%,产蛋

图 2-10　大午粉 1 号蛋鸡

期存活率 92%~96%, 平均蛋重 62.0 克/个。19~72 周饲养日平均产蛋数 317 个,产蛋平均总重 19.7 千克,产蛋期料蛋比(2.15~2.0):1。18 周龄平均体重 1.52 千克,72 周龄平均体重 1.95 千克。

（七）大午金凤蛋鸡

大午金凤蛋鸡是河北大午农牧集团种禽有限公司和中国农业大学合作培育的粉壳蛋鸡,2015 年通过国家畜禽遗传资源委员会审定。大午金凤蛋鸡具有适应性强、死淘率低、生产性能稳定等特点。

1. 外貌特征

成年母鸡全身羽毛浅红色或稍带白色,颈部、尾部羽毛颜色偏深,尾

稍白色。单冠直立,冠齿数 6~7 个,冠和肉髯红色,耳叶白色,喙、皮肤为黄色,胫黄色或青色,如图 2-11。

2.生产性能

0~18 周存活率 98%,0~18 周累计平均耗料 6.3 千克。达 50%产蛋率日龄 135~145 天,高峰期产蛋率 96%~98%,19~72 周存活率 95%,蛋重 59~61 克/个,19~72 周入舍母鸡产蛋数 306~316 个,产蛋总重

图 2-11 大午金凤蛋鸡

18.85~19.36 千克,每只鸡日耗料量 105~115 克,产蛋期料蛋比(2.12~2.24):1。18 周龄平均体重 1.34 千克,72 周龄平均体重 1.89 千克。

八 罗曼粉蛋鸡

罗曼粉蛋鸡是德国罗曼公司动物饲养有限公司育成的四系配套杂交鸡。罗曼粉壳蛋鸡具有抗病力强、蛋壳颜色一致、存活率高等特点。

1.外貌特征

成年鸡全身羽毛白色,单冠,冠红色,冠齿数 5~7 个,皮肤、喙和胫均为黄色,如图 2-12。

2.生产性能

达 50%产蛋率日龄 140~145 天,高峰产蛋率 93%~95%,72 周龄蛋重 63~64 克/个,0~17 周存活率 97%~98%,产蛋期存活率 90%~95%。72 周入舍母鸡产蛋数 322~327 个。18~72 周每只入舍母鸡产蛋总重 20.0~21.0 千克,每只鸡日耗料量 105~115 克。产蛋期饲

图 2-12 罗曼粉蛋鸡

料转化率（2.0~2.1):1。17周龄体重1.40~1.50千克,70周龄体重1.88~1.98千克。

九 新杨黑蛋鸡

新杨黑蛋鸡是由上海家禽育种有限公司、上海市农业科学院和国家家禽工程技术研究中心联合培育的三系配套粉壳蛋鸡品种,2015年通过国家畜禽遗传资源委员会审定。新杨黑蛋鸡具有抗逆性强、产蛋率高、耗料低、蛋品质好等特点。

1.外貌特征

成年鸡体型较小,全身羽毛黑色,夹带有少量黄黑麻色或黑白麻色,凤头,单冠,冠红色,胫黑色,喙黄色或褐色,皮肤白色,80%以上个体五趾,大部分有胡须,如图2-13。

图2-13　新杨黑蛋鸡

2.生产性能

0~18周存活率98%~99%,0~18周每只鸡饲料消耗量5.1~5.3千克,18周龄体重1.39~1.40千克。达50%产蛋率日龄142~144天,1~72周存活率93%~95%,72周饲养日产蛋数285~305个,产蛋总重14.3~15.6千克。18~72周蛋重49.5~50.5克/个,21~72周每只鸡耗料量31~36千克。产蛋期饲料转化率(2.05~2.65):1。43周龄体重1.56~1.73千克,72周龄体重1.63~1.78千克。

十 海兰灰蛋鸡

海兰灰蛋鸡是美国海兰国际公司培育的粉壳蛋鸡。海兰灰蛋鸡具有产蛋率高、存活率高、蛋品质优的特点。

1.外貌特征

成年鸡体型轻小清秀,背部羽毛浅灰色,颈部下方羽毛带点红褐色,翅尖、腿部和尾部羽毛为白色,皮肤、喙和胫均为黄色,如图 2-14。

2.生产性能

达 50%产蛋率日龄 143 天,高峰期产蛋率 94%~95%,32 周龄蛋重 61.2~63.2 克/个。0~17 周存活率

图 2-14　海兰灰蛋鸡

98%,60 周存活率 98%,90 周存活率 94%。60 周饲养日产蛋数 256~263 个,90 周饲养日产蛋数 425~434 个。18~90 周每只入舍母鸡产蛋平均总重 26.6 千克,每只鸡日耗料量 101~106 克。20~60 周饲料转化率(1.88~1.97):1。17 周龄体重 1.46~1.48 千克,70 周龄体重 2.01~2.06 千克。

十一　海兰粉蛋鸡

海兰粉蛋鸡是美国海兰国际公司培育的粉壳蛋鸡。海兰粉蛋鸡具有较高的产蛋量、良好的产蛋持续性、较高的存活率,能够适应各种养殖环境。

图 2-15　海兰粉蛋鸡

1.外貌特征

成年鸡全身羽毛白色,单冠,冠红色,冠齿数 5~7 个,皮肤、喙和胫均为黄色,如图 2-15。

2.生产性能

达 50%产蛋率平均日龄 146 天,高峰期产蛋率 94%~97%,32 周龄蛋重 60~62 克/个。0~17 周存活率 98%,60 周存活率 97%,90 周存

活率 93%。60 周饲养日产蛋数 255~268 个，90 周饲养日产蛋数 406~428 个。18~90 周每只入舍母鸡产蛋平均总重 26.0 千克，每只鸡日耗料量 103~109 克。20~60 周饲料转化率(1.95~2.06):1。17 周龄体重 1.44~1.48 千克，70 周龄体重 1.90~1.98 千克。

十二 大午京白 939 蛋鸡

大午京白 939 蛋鸡是河北大午集团种禽有限公司培育的优秀高产粉壳蛋鸡，是农业部重点扶持和推广的优秀品种，具有抗逆性强、饲料消耗量少、产蛋量多、蛋重适中等优点。

1.外貌特征

成年鸡全身为花羽，一种是白羽和黑羽相间，另一种在头部、颈部、背部或腹部相杂红羽。单冠，冠红色，冠齿数 5~7 个，耳叶为白色，喙为褐黄色，胫和皮肤均为黄色，如图 2-16。

图 2-16　大午京白 939 蛋鸡

2.生产性能

0~18 周存活率 98.5%，18 周龄平均体重 1.44 千克，达 50% 产蛋率平均日龄 142 天，19~72 周饲养日均产蛋数 320 个，饲养日产蛋平均总重 19.84 千克，平均蛋重 61.5 克/个，产蛋期存活率 93%，料蛋比 2.06:1，72 周龄平均体重 1.86 千克。

▶ 第三节　白壳蛋鸡

现代白壳蛋鸡品种是以单冠白来航鸡为主杂交育成的蛋鸡配套系。白壳蛋鸡体型清秀，单位面积饲养量多，性成熟早、开产早、产蛋量多、饲

料利用率高,适合高密度饲养,缺点是神经质和易受应激影响。目前我国白壳蛋鸡占存栏总量的1%,主导品种有京白1号蛋鸡和海兰W-36蛋鸡等。

一 京白1号蛋鸡

京白1号蛋鸡是北京市华都峪口禽业有限责任公司培育的白壳蛋鸡,2016年通过国家畜禽遗传资源委员会品种审定。京白1号蛋鸡具有开产日龄适中、产蛋量高、存活率高、饲料转化率高、适应性强、蛋品质好等特点。

1.外貌特征

京白1号商品代公母雏全身白色。成年母鸡体型清秀,全身羽毛白色,单冠,冠红色,皮肤、喙和胫黄色,耳叶白色,如图2-17。

2.生产性能

0~18周存活率98%,0~18周累计平均耗料5.69千克。达50%产蛋率日龄

图2-17 京白1号蛋鸡

140~150天,高峰期产蛋率97%,19~72周存活率97%。19~72周饲养日均产蛋数324.9个,产蛋平均总重19.8千克,每只鸡日均耗料量102.3克。18周龄平均体重1.20千克,72周龄平均体重1.69千克。

二 海兰W-36蛋鸡

海兰W-36蛋鸡是美国海兰国际公司培育的白壳蛋鸡。海兰W-36蛋鸡具有较高的饲料转化率、较高的存活率和上好的蛋品质等特点。

1.外貌特征

商品代蛋鸡全身羽毛白色,单冠,冠红色,冠齿数5~7个,耳叶白色,皮肤、喙和胫均为黄色,如图2-18。

2.生产性能

达 50%产蛋率平均日龄 143 天,高峰期产蛋率 95%~96%,32 周龄平均蛋重 58.5 克/个,70 周龄平均蛋重 63.3 克/个。0~17 周存活率 97%,60 周存活率 97.1%,100 周存活率 92%。60 周饲养日产蛋数 256~264 个,90 周饲养日产蛋数 422~436 个。18~100 周每只入舍母鸡产蛋总重 27.4~29.4 千克,每只鸡日均耗料

图 2-18 海兰 W-36 蛋鸡

量 99.6 克。20~60 周龄饲料转化率(1.81~1.94):1。17 周龄体重 1.19~1.25 千克,60~100 周体重 1.55~1.61 千克。

▶ 第四节 绿壳蛋鸡

绿壳蛋鸡是我国特有鸡种,体型较小,性成熟早,抗病力强,适应性强。绿壳蛋鸡占我国蛋鸡存栏量的 1%,主导品种有苏禽绿壳蛋鸡和神丹 6 号绿壳蛋鸡等。

一 苏禽绿壳蛋鸡

苏禽绿壳蛋鸡是江苏省家禽科学研究所和扬州翔龙禽业发展有限公司联合培育的绿壳蛋鸡,于 2013 年通过国家畜禽遗传资源委员会审定。苏禽绿壳蛋鸡具有遗传性能稳定、体型较小、"三黄"、群体均匀度好的特点。

1.外貌特征

成年母鸡全身羽毛以黄色为主,少数浅红色;单冠,冠和髯红色,虹彩黄褐色,耳叶以白色为主,少数浅红色;皮肤、胫和喙黄色,如图 2-19。

2.生产性能

0~18周存活率94%~98%,18周龄体重1.01~1.17千克。达50%产蛋率日龄138~148天,72周入舍母鸡产蛋数216~233个,43周龄蛋重44~48克/个,19~72周存活率93%~96%,19~72周饲料转化率(3.2~3.5):1。

图2-19 苏禽绿壳蛋鸡

二 神丹6号绿壳蛋鸡

神丹6号绿壳蛋鸡是湖北神丹健康食品有限公司和江苏省家禽科学研究所共同选育的绿壳蛋鸡,于2020年通过国家畜禽遗传资源委员会审定。神丹6号绿壳蛋鸡具有抗应激性强、产蛋率高、绿壳蛋比例高、蛋品质优等特点。

1.外貌特征

成年母鸡体型中等,全身羽毛黑色,颈部羽毛大多呈金黄色,部分呈银白色,单冠,冠齿数4~7个,冠和髯红色;喙灰黑色,皮肤灰白色,胫黑色,如图2-20。

2.生产性能

0~18周存活率98.5%,18周龄母鸡体重1.01~1.22千克,19~72周存活率92.7%。达50%产蛋率平均日龄147天,高峰期产蛋率85%~86%,72周龄入舍鸡平均产蛋数260个,蛋重46.5~52.7克/个,鸡蛋绿壳率99%,淘汰母鸡体重1.40~1.68千克。

图2-20 神丹6号绿壳蛋鸡

第三章

蛋鸡饲养管理技术

饲养管理是蛋鸡养殖中最重要的环节,直接影响蛋鸡遗传性能的充分发挥。因此,为蛋鸡创造舒适的环境,保持鸡群健康,使鸡群表现最佳的生产性能,这样才能创造较好的经济效益。本章系统介绍了蛋鸡生物学特性、饲养方式、不同阶段和不同季节饲养管理技术等,以期为蛋鸡饲养管理提供技术指导。

▶ 第一节　蛋鸡生物学特性和饲养方式

蛋鸡在不同的日龄表现出不同的生理特性,根据这些特性,可将蛋鸡生产阶段划分为雏鸡(0~6 周龄)、育成期(7~18 周龄)和产蛋期(19 周龄至淘汰)。在生产中可以根据蛋鸡的生物学特性,结合养殖场(户)自身养殖技术水平和资金条件等,选择平养或笼养的养殖模式。

一　蛋鸡生理特性

1.雏鸡生理特性

雏鸡是指从出雏到 6 周龄的鸡,主要有以下生理特性。

(1)机体生长发育迅速,营养要求高。刚出壳的雏鸡生长发育迅速,体重增长快,1 周龄体重约为其初生重的 1 倍,6 周龄体重约为其初生重的 15 倍。雏鸡新陈代谢旺盛,单位体重的耗氧量是成年鸡的 3 倍,对营养物质要求较高。因此,在生产管理上应为雏鸡提供营养丰富、均衡的优质配合全价饲料,同时注意保持鸡舍环境清洁,空气清新,为雏鸡提供足够的氧气。

(2)消化器官发育不完全,消化能力弱。刚出壳的雏鸡消化器官发育不完全,消化酶分泌能力差,消化能力弱。此外,雏鸡消化器官体积小,容纳食物有限。因此,配制育雏期鸡饲料时,必须选用优质饲料原料,配制的饲料要营养高、易消化、纤维含量低。

(3)环境适应能力差。刚出壳的雏鸡体温比成年鸡体温低 2~3 ℃,同时雏鸡身上的绒毛稀短,皮肤薄,皮下脂肪少,体热散发快、保温能力差,对外界环境温度变化适应能力差,通常到 42 日龄时才具备自身适应环境温度变化的能力。因此,维持适宜的育雏期鸡舍温度有利于保障雏鸡健康和良好的生长发育。

(4)抗病能力差。雏鸡刚出壳后,身体免疫系统发育不完全,对各种疾病的抵抗能力差。若管理不善,很容易受到病原微生物的侵害,导致雏鸡生病甚至死亡。因此,育雏期要做好鸡场生物安全工作,精心管理好雏鸡,科学接种疫苗,提高雏鸡抵抗疾病的能力。

(5)敏感性强,易受惊吓。雏鸡胆小,对环境条件变化敏感,容易受到惊吓,甚至炸群。雏鸡生长迅速,对营养物质的缺乏以及药物和霉菌毒素等有毒有害物质也很敏感。因此,育雏期要保持鸡舍安静、清洁卫生,减少对雏鸡的刺激,同时在选择饲料原料和用药时也要慎重。

(6)群居性强,喜聚集。鸡是群居动物,雏鸡习惯群体生活,喜扎堆,好争斗。因此,育雏期要注意保持鸡舍环境安静,避免鸡群扎堆。

2.青年鸡生理特性

青年鸡,又称育成鸡,是指 7~18 周龄的鸡。青年鸡主要有以下生理特性。

(1)体温调节系统健全,对环境抵抗能力增强。育成鸡羽毛逐渐丰满,

机体保温能力和体温调节能力不断增强,对外界环境温度变化和疾病有较强的抵御能力,但要注意防止鸡舍内温度骤变和预防环境条件性疾病的发生。

(2)消化系统发育完善,消化能力强。蛋鸡育成前期各组织器官仍处于生长发育旺盛阶段,消化器官功能不断发育完善,消化腺分泌的各类消化酶活性增加,消化能力不断增强,肌胃也具有一定的研磨能力,采食量不断增加。

(3)骨骼、肌肉等组织器官生长发育旺盛。育成期是鸡肌肉和骨骼生长发育的重要阶段,育成前期骨骼发育速度快,12周龄时骨骼系统发育基本完成,生长速度减慢,但肌肉组织仍保持快速生长发育。在育成阶段鸡的体重增幅最大,但增速低于育雏鸡。

(4)育成后期生殖系统进入快速发育成熟阶段,脂肪沉积能力增强。育成后期鸡的大部分器官生长发育基本结束,但生殖系统进入加速生长发育阶段,脂肪沉积能力明显增加。母鸡10周龄左右卵巢滤泡开始积累营养物质逐渐长大,12周龄后性器官生长发育速度显著加快,此时对光照时长非常敏感,14周龄后脂肪沉积增加。因此,在饲养管理上要注意避免育成鸡摄入过多营养物质导致脂肪提前累积;还要控制光照时间,避免长光照刺激生殖系统过早发育,造成提前开产,影响产蛋性能的充分发挥。

3.产蛋鸡生理特性

产蛋鸡是指19周龄到产蛋结束淘汰的鸡,主要有以下生理特性。

(1)产蛋前期生长发育尚未停止,生殖系统继续发育成熟。刚开产母鸡身体各部分的生长发育尚未停止,体重仍在继续缓慢增长,直到40周龄左右基本停止增重,后期体重的增加主要是体内脂肪的沉积。母鸡在开产时仍处于性成熟期,生殖系统尚未发育完善成熟,在此期间卵巢重量和输卵管长度显著增加。

（2）不同阶段对营养物质的需求和吸收利用能力不同。产蛋期是母鸡生命周期中最长的一个时期，也是充分发挥其生产性能的重要阶段，在此期间母鸡经历了体成熟、性成熟、产蛋量逐渐增加直至最后身体机能逐渐退化，产蛋量减少等复杂变化过程。产蛋前期是鸡一生中代谢最旺盛、负担最重的阶段，摄入的食物既要满足体重的增加，还要满足产蛋的需要，因此采食量高，对饲料中营养物质的消化吸收利用率也高。而到了产蛋后期，随着产蛋率下降和体重停止增长，需要的营养物质减少，身体机能下降，因此，蛋鸡消化吸收能力减弱，体内脂肪沉积增加。

（3）产蛋性能具有规律性。产蛋是饲养蛋鸡的最终目的，其产蛋性能反映了前期饲养管理质量，直接决定了养殖效益。现代培育的专门化商品代蛋鸡在良好的饲养管理情况下其产蛋性能都能保持很高的水平，地方特色蛋鸡或肉蛋兼用性品种其产蛋性能稍差，但其产蛋规律基本相似。以笼养淮南麻黄鸡产蛋规律来说，在开始产蛋后群体产蛋率上升较快，通常在3~4周即可达到产蛋高峰，在产蛋高峰维持一段时间后产蛋率逐渐下降，但是下降比较缓慢，产蛋曲线比较平滑。与地方鸡相比，高产蛋鸡在产蛋高峰期产蛋率更高，高峰维持时间更长，产蛋率下降更平稳。因此，掌握母鸡产蛋性能规律有助于掌握鸡群产蛋状况，当鸡群产蛋性能出现异常时要及时查找原因，并针对原因解决问题。

二 饲养方式

1.育雏期饲养方式

根据对鸡舍空间的利用，育雏期饲养方式可分为平养育雏和笼养育雏2种模式。平养育雏又可分为地面平养育雏和网床平养育雏。

（1）地面平养育雏。地面平养育雏是指在室内水泥地面上培育雏鸡的

方式,通常在消毒后的育雏室地面铺上垫料,雏鸡在垫料上活动和休息。垫料以植物材质为主,如切碎的稻草、麦秸、刨花、锯末和稻壳等,应因地制宜、就地取材,尽量降低养殖成本。垫料应干燥、柔软、卫生,厚度以10厘米左右为宜。料桶(或开食盘)、饮水器和保温伞等育雏设备置于垫料上,供雏鸡进食、饮水和取暖。

地面平养育雏设备投资较小,建设成本较低,日常管理简单,适用于小规模养殖户。但是这种模式饲养密度低,房舍占用面积大,空间利用率不高,舍内加温消耗能量大,需要准备大量垫料,工作量大而且增加成本。雏鸡长期与垫料中的粪便接触,容易感染疾病,尤其容易暴发球虫病。这些弊端导致地面平养育雏逐渐被网床平养育雏取代。

(2)网床平养育雏。网床平养育雏是在地面平养育雏方式上改进发展而来的一种平面育雏方式,雏鸡在网床上活动和休息。在距离地面一定高度(50~60厘米)架设网床,网面为铁丝网或塑料网,网面下以钢架或竹排等材料支撑。网眼大小以适于雏鸡在上面活动为宜,一般为1.25厘米×1.25厘米,网眼过大雏鸡脚趾容易陷入网眼,造成损伤,过小不利于粪便的下落;育雏初期可在网面上再铺一层网眼较小的垫网,防止雏鸡腿脚陷入网眼。

网床平养育雏的优点是无须垫料,雏鸡在网床上活动,粪便通过网眼落下,大大减少了雏鸡和粪便的接触机会,减少了疾病传播概率。

(3)笼养育雏。笼养育雏也称立体育雏,是指把雏鸡饲养在育雏笼或育雏育成笼的养殖模式,是目前最主要的育雏方式。育雏笼具一般为3~6层,每层笼具设有料槽和水线,每层笼具下面有接粪盘或自动清粪履带。最常见的是4层层叠式育雏笼,兼顾了空间利用率和实际操作的便利性。

笼养育雏的优点是单批次育雏的数量大、效率高,设备设施自动化程度高,有利于降低劳动强度,舍内温度等环境易于控制,可有效控制鸡群中鸡白痢和球虫病的发生和蔓延,便于日常观察和管理等。其缺点是一次性投资较大,后期设备维护成本稍高,对饲料配制和日常管理技术要求高,对工人的设备操作能力要求较高。

2.育成期饲养方式

蛋鸡育成期饲养方式根据养殖的蛋鸡品种和用途不同可分为笼养育成和平养育成两种方式。

(1)笼养育成。笼养育成是指把青年鸡放在笼具内饲养的育成方式,也是主要的饲养方式。根据养殖场(户)采用的蛋鸡养殖模式和阶段划分的不同,笼养育成方式也有所不同。在蛋鸡两阶段生产模式中,养殖场(户)在育雏育成笼内将雏鸡饲养到14~16周龄,然后直接转入产蛋舍饲养。在蛋鸡三阶段生产模式中,养殖场(户)建有专门的育成舍,在育雏期结束后将青年鸡转入专门的育成笼饲养,到18周龄左右转入产蛋舍。笼具根据实际情况可选择两层、三层的阶梯笼或半阶梯笼,也可选择层叠式育成笼。

笼养育成方式的优点是设备设施自动化程度高,养殖效率高,饲养密度大,鸡群和舍内环境条件便于管理和控制。其缺点是笼具设备投资大,设备维护费用高,对日常管理技术要求高。这种方式适用于高产蛋鸡和规模化养殖场(户)。

(2)平养育成。平养育成是指把青年鸡放在地面或网床上养殖的育成方式,根据鸡舍结构不同可分为全舍内平养和开放式(半开放式)地面散养。这种方式对设备要求不高,投资较低,但是饲养密度小,疫病控制困难。这种方式适用于小规模养殖户和地方鸡生态养殖。

3.产蛋期饲养方式

蛋鸡产蛋期饲养方式有笼养和平养两种方式。

（1）笼养。笼养是指把产蛋鸡饲养于产蛋笼的养殖方式,是目前国内最主要的蛋鸡产蛋期养殖方式。产蛋笼主要有阶梯笼、层叠笼、富集型笼和种鸡本交笼等。阶梯笼出现时间最早,适用于小规模养殖场（户）。层叠笼常见的有 4~8 层,养殖密度高,单栋鸡舍蛋鸡存栏量可达 5 万 ~10 万只。富集型笼是新出现的一种蛋鸡养殖笼具,既具备蛋鸡笼养的高效,又考虑了动物福利问题,大大改善了产蛋鸡的日常活动空间,但其缺点是设备投资较大,饲养密度和效率低于层叠笼。

笼养方式适用于现代高产蛋鸡规模化养殖,优点是饲养密度高、生产效率高及便于管理和疫病防控等。其缺点是一次性投资大,对设备和人员要求高。

（2）平养。平养是指把产蛋鸡饲养在地面或网床上的养殖方式,可分为地面垫料平养、网床平养、生态散养等方式。平养方式生产效率低,占地面积大,疫病防控难度大。平养方式主要适用于小规模特色蛋鸡生产。

▶ 第二节　雏鸡饲养管理

雏鸡饲养管理应建立在雏鸡生物学特性的基础上,蛋鸡场不但要做好育雏前准备工作,而且要做好鸡舍环境控制、饮水、饲喂、断喙、免疫、称重等饲养管理工作。

一 育雏前准备

1.确定育雏时间

蛋鸡养殖是一项长期的工作,育雏时间决定了本批鸡开产时间和产蛋高峰的时间,而且也决定了鸡场的生产周期和节奏,最终影响蛋鸡养殖效益。确定育雏时间要从以下几个方面的因素考虑。

(1)市场行情随时间变化情况。我国鸡蛋销售以壳蛋为主,壳蛋市场行情在不同时段和季节波动较大,因此,育雏时间对蛋鸡养殖效益有直接的影响。一般来说,国内节假日是鸡蛋销售旺季,尤其是春节等重要传统节假日期间鸡蛋消费量较大,鸡蛋价格会有一定幅度的增长。高产蛋鸡一般在20周龄左右开产,25~50周龄处在产蛋高峰期,因此,中小养殖场(户)可在鸡蛋涨价前22~25周开始育雏。

(2)本场生产周转计划情况。小规模养殖场(户)通常每年只育雏一次,可根据上一批蛋鸡淘汰时间安排育雏计划。

规模化蛋鸡养殖场,场内有多栋产蛋舍,蛋鸡存栏规模较大,为了保证蛋鸡场全年均衡生产,应根据不同鸡舍上一批产蛋鸡的淘汰时间制订鸡群周转计划。一般在本栋鸡舍计划淘汰鸡群前11~12周开始育雏,这样在鸡群淘汰后,经过对鸡舍清洗、设备检修、消毒、空置等必需环节后,育成鸡在16周龄左右,即可转入本栋产蛋鸡舍,提高鸡舍利用率和生产效率。

采取全场"全进全出"的蛋鸡场,应根据上一批鸡群计划淘汰时间来确定全场育雏时间。

(3)其他外界环境条件情况。不同季节气候条件不同也是影响确定育雏时间的因素。不同季节外界环境温度差异较大,冬季育雏鸡舍加温所需消耗的燃料费用比夏季高,而且需要加温的天数比夏季长,冬季育雏生产成本比夏季高。蛋鸡疾病流行情况也受季节因素影响较大,很多病毒性传染病主要发生在冬季,而且冬季育雏舍内保温和通风是育雏期管理中的主要矛盾,尤其是小型蛋鸡养殖场(户)育雏舍比较简陋,管理不到位时容易造成雏鸡发病甚至死亡,影响后期产蛋性能。

综合考虑以上因素,规模较小、条件简陋的小型养殖场(户)尤其要重视育雏时间的选择,育雏期应首选在春季,春季气候干燥,环境条件好,

疫病较少;鸡群开产在9—10月份,11月份即可达到产蛋高峰期,而每年自农历中秋节后到春节期间市场鸡蛋售价逐渐提高,养殖效益最好。

2.确定育雏品种和数量

(1)品种的确定。蛋鸡品种要根据自身养殖产品定位和市场需求确定。如果是以生态散养、土鸡蛋等为产品特色卖点的养殖场(户),可以选择养殖地方特色蛋鸡品种或高产蛋鸡中小体型品种(配套系),如"农大"系列矮小型蛋鸡等,其蛋重、蛋壳颜色等与土鸡蛋相似。规模化蛋鸡场应选择高产蛋鸡品种(配套系)的商品代蛋鸡养殖,其生产性能好,品种整齐度高,易于饲养管理。

蛋鸡养殖的产品是鸡蛋和淘汰鸡,不同地域的消费市场对鸡蛋的大小、蛋壳颜色有不同偏好,导致鸡蛋价格有所差异;淘汰鸡的毛色也会影响淘汰鸡的销售价格。因此,养殖场(户)选择品种时也应考虑鸡蛋和淘汰鸡的市场需求。

(2)数量的确定。育雏数量主要根据产蛋舍的面积、笼位数量和育雏舍的育雏能力以及本场鸡群周转计划来综合考虑确定。同时还要考虑从育雏到转入产蛋舍鸡群的存活率和合格率。通常育雏数量应比产蛋舍笼位数多8%~10%,如一栋产蛋舍笼位数为10 000个,育雏时进雏数量应为10 800~11 000只,多出的为育雏、育成期的死亡和淘汰数量,以充分利用产蛋舍笼位。

3.育雏舍和设备准备

育雏舍进雏前对鸡舍进行冲洗消毒和检修设施设备,并根据育雏数量准备足够数量的育雏设施设备(如饮水设备、饲喂设备等)。

4.育雏物资和人员准备

(1)垫料。垫料是地面平养育雏模式中一项很重要的物资,育雏前应准备足够的垫料,垫料要求干燥、卫生、无霉变。垫料的材质要具有良好的吸水性,松软保温,不能含有尖锐的杂物,如玻璃碎片、铁钉等容易对雏鸡造成伤害的物体。

在垫料进入育雏舍前应对垫料进行曝晒消毒,防止将垫料中的致病微生物带入育雏舍。在进雏前一周在育雏舍地面铺上 10 厘米左右厚度的垫料,垫料铺设完毕后再进行甲醛熏蒸消毒。

(2)饲料。开食料应选择优质全价配合饲料,一般选择全价破碎颗粒育雏料,其营养全面均衡,干净卫生,有利于雏鸡健康生长。也有个别养殖场户以碎玉米粒或小米作为开食料,为了帮助雏鸡消化,可适当蒸煮后饲喂雏鸡。

在进雏前 1~2 天购入育雏料,储存在温度较低的饲料库内。育雏舍内温度较高,不可存放过多的饲料,以保证饲料新鲜,防止营养物质流失。

(3)疫苗药品。根据进雏数量和育雏期免疫计划准备必需的疫苗、兽药(如抗菌药、消毒剂等)和常用的营养保健添加剂(如葡萄糖、多维电解质等)。采购的疫苗、兽药要注意生产日期,不购买临近失效期的药品,并按照使用说明进行保存和使用。

(4)人员。育雏期是蛋鸡生产的开始,也是蛋鸡生长发育的关键时期,工作琐碎、繁重,而且具有较强的技术性和专业性,因此需要挑选工作能力强、责任心强、认真细致、吃苦耐劳且有较强专业技术知识和经验的人员承担育雏工作。

(5)其他。进雏前在育雏舍门口设置消毒盆和消毒池,饲养员进入鸡舍要进行手部和鞋底消毒。还要准备好日常生产记录表、干湿球温度计以及其他可能用到的小工具。

5.育雏舍预热准备

加温系统是育雏成功与否的关键,应至少在进雏前 7 天对加温设备,如线路、锅炉、风机、管道、温湿度探头等进行全面检修和调试,对于有问

题的设备立即进行维修,保证进雏前3天维修完毕。同时提前准备好加温设备所需燃料。

在进雏前1~2天开启加温系统对育雏室进行预热升温,保证舍内最高温度在雏鸡进入育雏舍时达到34~35 ℃。在预热升温过程中检查加温系统各项设备工作是否正常,如发现有异常情况,立即查找原因,及时解决出现的问题。

二 雏鸡饮水和开食

1.饮水

雏鸡第一次饮水称为初饮,初饮时间越早越好,最晚不应超过雏鸡出壳后48小时。雏鸡卵黄囊含有丰富的营养物质,可满足雏鸡出壳后3天内生命活动的营养需要。雏鸡进入育雏舍后应尽快饮水,及时饮水有利于雏鸡加快对体内残留卵黄的吸收利用,排出胎粪,增进食欲;及时饮水还可补充雏鸡出壳后体内消耗的水分,维持雏鸡体内水的代谢平衡。

在育雏第1周尽量给雏鸡饮用18~20 ℃的温开水,不能直接饮用凉水,否则容易导致雏鸡腹泻。没有条件用温开水的,也可将饮水提前放到育雏舍内,利用育雏舍内的温度提高饮水温度,尤其冬季育雏,水温较低,应对饮水进行预温,不可直接给雏鸡饮用。1周后雏鸡可直接饮水。

初饮水中可添加一些维生素、电解质、葡萄糖等,以缓解雏鸡运输和进入新环境的应激,并补充能量。为了净化雏鸡肠道内的大肠杆菌和沙门菌,预防鸡白痢和脐炎的发生,也可以在饮水中添加一些抗菌药。但这些添加物质都不是必需的,使用时应注意使用时间、种类和剂量,不可贪多求全,不可长期使用,否则容易造成雏鸡中毒,加重雏鸡代谢负担,增加生产成本。

育雏第1周宜使用真空饮水器,要根据雏鸡的数量配备足够的真空饮水器。1周后逐渐过渡到乳头饮水器。使用真空饮水器时饮水器内的水不宜过多,以2~4小时内饮完为宜,每天换水2~3次,育雏舍内温度较高,要及时换水,保证饮水清洁卫生。每天要清洗1次饮水器,半个月冲洗消毒饮水管线1次。采用乳头饮水器时,要注意根据雏鸡身高的增长逐渐调节高度,使雏鸡饮水便捷舒适。

2.开食

雏鸡转入育雏舍后第一次采食称为开食,通常在初饮后2~3小时进行。由于雏鸡消化能力弱,雏鸡开食料应选择营养物质全面、营养浓度高、容易消化吸收的饲料。破碎颗粒料是育雏期理想的饲料,营养丰富;如用粉料作为开食料,可将粉料加水拌湿后饲喂。2周后可更换为颗粒料或粉料。

开食时将平底料盘或报纸、塑料布等铺在笼底,将饲料均匀地撒在上面,并适当增加光照,诱使雏鸡啄食。前3天饲喂时按照少量多次的原则,每天饲喂6~8次。3天以后可逐渐过渡到料桶或料槽饲喂,并适当减少饲喂次数,但要经常匀料。应保证料桶数量和料槽长度足够,保证雏鸡有足够的采食位。料桶和水桶应分布均匀,间隔放置并保持一定距离,既方便雏鸡采食饮水,又可防止饮水打湿饲料和增加雏鸡运动量。

三 雏鸡日常管理

1.环境管理

(1)光照。光照直接影响雏鸡的采食、饮水和作息活动,对雏鸡的生长发育有重要作用。在育雏初期可采用较强的光照强度和较长的光照时间,有利于雏鸡尽快熟悉育雏舍环境,方便雏鸡采食和饮水。育雏前3天一般采取24小时光照,也可以采取23小时连续光照加1小时黑暗的光照制度;4~7日龄采取22小时连续光照加2小时黑暗,8日龄起可每天

减少 1 小时光照时间，逐渐过渡到自然光照或稳定在每天 8~9 小时光照。育雏中后期宜采用较弱的光照强度。

光照管理的难点在于稳定的光照时长和光照强度。全密闭式育雏舍全部采用人工光照，光照时长和光照强度易于控制。对于有窗式育雏舍，由于白天受到自然光照的影响，光照强度不稳定，而且夜间需要人工补光，光照管理较为困难。需要注意的是，人工补光时长和时间段应保持稳定，不可时长时短，也不可随意改变补光时段。

光照强度调节方法主要有以下几种，一是控制开灯的数量，需要较强光照时将灯具全部打开，需要较弱光照时间隔打开部分灯泡即可，这种方法简便易行，但是容易造成光照不均匀，灯泡下方光照较强，两个灯泡交界的地方光照较弱。二是改变灯泡瓦数，需要强光照时用功率较高的灯泡，需要弱光照时更换为低功率的灯泡，这种方法相对烦琐，且需要准备不同功率的灯泡，好处是光照较为均匀。三是使用可变电压器调节灯泡功率，通过调节电压大小改变灯泡发光强度，这种方法控制简便，光照强度变化平缓，对鸡群刺激小。

(2) 温度和相对湿度。温度是决定育雏好坏的首要影响因素。温度过低容易引起雏鸡扎堆甚至造成死亡，温度过高雏鸡采食量下降，影响生长发育。育雏舍温度是否适宜可通过鸡群的行为状态判断：雏鸡扎堆，发出尖叫，呆立不动，缩头，站立不稳等，表明舍内温度过低；雏鸡远离热源，四处散开，双翅张开，张口喘气，频繁喝水，减少吃料等，表明舍内温度过高；当舍内温度适宜时雏鸡活动自如，采食饮水正常，精神良好。1 周龄内育雏舍温度保持在 33~35 ℃，随着雏鸡长大，体温调节能力增强，应逐渐降低鸡舍内温度至雏鸡脱温。育雏期鸡舍适宜温度见表 3-1。

相对湿度也是影响雏鸡舒适度的重要因素，适宜的相对湿度有利于雏鸡健康生长。育雏期育雏舍适宜相对湿度见表 3-1。雏鸡 1~3 日龄，鸡

表 3-1　育雏期鸡舍适宜温度和相对湿度

周龄	温度/℃	相对湿度
1	35～33	1～3 日龄 65％～70％,4～7 日龄 60％～65％
2	32～30	60％～65％
3	29～27	55％～60％
4	27～24	55％～60％
5	23～20	55％～60％
6	室温	55％～60％

舍相对湿度可控制在 65%~70%，以后逐渐降低舍内相对湿度到 55%~65%。育雏期间相对湿度控制容易出现的问题是前期舍内相对湿度过低，后期舍内相对湿度过高。当舍内相对湿度过低时,可通过喷洒消毒液的方法,既可以提高舍内相对湿度,又能够对舍内环境进行消毒。当舍内相对湿度过高时,可通过增加舍内通风、及时清理舍内粪便,减少粪便中水分蒸发和及时更换潮湿垫料等方法降低舍内相对湿度。

（3）通风。育雏期通风要根据雏鸡日龄和外界季节环境温度等因素综合考虑。育雏初期,雏鸡对温度敏感,通风时可选择在中午外界气温较高时进行,可采用自然通风,采用机械通风时注意风速不可太大,避免舍内温度骤然下降对鸡群造成应激。在冬季或夜晚外界气温较低而又需要通风换气时,先将舍内温度升高 1~2 ℃再进行通风换气,通风完毕后舍温恰好降至正常舍温。鸡群逐渐长大后可以机械通风为主,但时间不宜过长,可短时多次通风,以舍内温度无明显下降为主要目标。通风时间和次数可随着雏鸡日龄增大而增加。

在通风换气时要注意无论采用自然通风方式还是机械通风方式,都要平缓进行,保持风速平稳,4 周龄前鸡舍风速应低于 0.15 米/秒。而且要注意不可使外界冷空气直接吹向鸡群,可在进风口加装挡风板,避免鸡群感冒和受惊。还要经常检查鸡舍密闭性,杜绝贼风吹向鸡群。

（4）饲养密度。饲养密度对鸡群的生长发育和健康状况有重要影响。合理的饲养密度,雏鸡采食、饮水正常,生长发育整齐,健康状况良好。蛋鸡各周龄饲养密度参见表3-2,在实际生产中可根据鸡群体重和均匀度等进行调整。

表3-2　蛋鸡不同阶段适宜饲养密度

周龄	笼养(占笼底面积)/(平方厘米/只)	平养/(只/平方米)
0～3	125	20
4～10	220	13
10～17	350	9
18～淘汰	400～450	8

2.体重管理

（1）体重测定。体重和均匀度是反映育雏期鸡群饲养好坏的指标。每周要对鸡群进行称重,雏鸡体重每周都应符合本品种体重标准,鸡群均匀度达到80%以上。有条件的蛋鸡场可以加测胫长,有利于及时掌握鸡群骨骼发育情况。

育雏期雏鸡体重测定应在每周龄末进行,测定时间应固定在上午鸡群空腹时,称重前不要喂料。采用抽测的方式逐只称重,抽测数量以群体总数的1.0%~1.5%为宜,不得少于50只。笼养育雏每次抽测的笼位要固定,且均匀分布于整个鸡舍。地面平养或网床平养育雏的方式,可以小圈为单位随机抽测个体,每个小圈抽测个体30只左右。测定完毕后计算鸡群平均体重和均匀度,与品种体重标准进行比较,评估饲养效果。对于平均体重不符合品种标准、均匀度低于80%的鸡群,要查找原因,及时采取措施补救。

（2）及时调整饲喂计划。根据体重抽测结果及时调整饲养管理计划,若鸡群实际体重较标准体重小,可每日增加给料量,观察鸡群采食情况,若采食量无明显增加,则需要考虑调整饲料配方,提高饲料营养水平;若抽测体重较标准体重差距较大,且均匀度较差,在增加每日给料量、提高饲料营养水平的同时考虑对鸡群进行调群,按照不同体型分群饲养,重点关注体型较小的群体,通过降低饲养密度,增加饲喂次数,提高营养水平等措施,使不达标鸡群尽快达标。

(3)及时分群。分群饲养的目的是提高鸡群整齐度,促进雏鸡生长发育。育雏期要根据鸡群生长发育情况进行多次分群。第一次,雏鸡到达后,在转入育雏笼时即可对雏鸡进行分群,将体质较强的放在一起,将体质较差、体型较小的个体放在一起,单独饲养,放在温度较高的笼具或小圈内,避免与强壮个体争食争水,保证营养充足。第二次,3~4周龄时,雏鸡长大,笼内相对活动面积减少,逐渐拥挤,容易造成采食不均,导致瘦弱个体采食困难,造成强者更强、弱者越弱的局面,不利于鸡群整体发育。此时可进行分群,将体型瘦弱的个体挑出转入新笼内饲养,一方面减小饲养密度,另一方面将体型相近的个体集中饲养,可使所有鸡只获得同等的采食饮水机会。第三次,在育雏期末转群时,按照体重大小对鸡群进行再一次分群。分群时注意将体型相近的个体分在一个笼里,将体重较小的个体放在上层笼内,体重较大的个体放在中下层笼内。

3.健康管理

(1)定期消毒。定期消毒可杀灭多种病原微生物,而且可以减少蚊蝇滋生,因此要对育雏舍内外环境进行定期消毒。进雏后每周带鸡消毒2~3次,鸡舍外墙壁、通风口、道路等每周消毒2次。育雏室门口准备消毒盆和消毒池,饲养员出入鸡舍必须进行手部及鞋底消毒。育雏初期使用的料桶和真空饮水器应每天清洗消毒1次。

(2)及时免疫。接种疫苗是预防大部分传染病的有效方法,因此,必须制定科学的免疫程序,并按照免疫程序接种疫苗,不可心存侥幸,对鸡群

不免或漏免。免疫程序的制定应根据当地疫病发生情况综合考虑免疫接种的疫苗种类和次数。免疫结束后应定期抽测鸡群抗体水平,根据抗体水平适当调整免疫程序。

(3)合理用药。雏鸡容易发生细菌性疾病和寄生虫疾病,如鸡白痢、大肠杆菌病和球虫病等,应根据这些疾病的发生时间和发病特点,提前使用药物进行预防。药物使用要对症,剂量准确,用药时间要按照疗程要求进行,符合国家相关法律法规。

4.其他

(1)断喙。断喙可有效防止鸡啄癖的发生,还能减少饲料浪费,节约养殖成本。因此,规模化蛋鸡养殖通常进行断喙。断喙可使用红外线自动断喙器或电热断喙器。

红外线自动断喙通常在孵化场进行,在雏鸡1日龄进行断喙。人工断喙通常使用电热断喙器,断喙时间为6~10日龄,具体日龄根据鸡群健康状况确定。断喙时,将上喙断去1/2~2/3(喙尖到鼻孔的距离),下喙断去1/3,呈上短下长状。具体方法:首先将断喙器放置稳妥,高度适于操作。然后将断喙器电源打开,调整刀片温度及刀片升降速度。待刀片烧至褐红色时,一只手轻轻握住雏鸡身体,食指轻抵在雏鸡下颚并稍向前、向上推,使雏鸡舌头后缩,避免断喙时伤到舌头,拇指按住雏鸡头颈部并稍向后、向下拉,根据鸡喙的大小选择合适的小孔,将鸡喙水平向前送至断喙器小孔内,待刀片下降切断雏鸡上下喙后继续保持1~2秒,利用刀片温度对鸡喙进行烙烧止血。个别鸡出血较多时,可利用热刀片再次进行烙烧止血。在7~10周龄时,对第一次断喙不成功的个体进行修剪。

断喙对雏鸡应激很大,为了缓解断喙时的应激反应,应在断喙前后3天在饮水或饲料中添加维生素K和维生素C。断喙当天要断料空腹,断喙后再给料。断喙后2~3天应把料槽加满,方便雏鸡采食。

（2）做好日常生产记录。生产记录是一项重要的日常工作,做好生产记录有助于及时发现鸡群异常情况,掌握各项生产资料消耗情况,做到心中有数,有利于控制生产成本和提高饲养管理技术。对每一批入舍雏鸡都要记录进雏日期、品种、数量,每日鸡舍温湿度变化、死淘数量、喂料量、免疫种类及疫苗信息、用药情况等。

（3）采用"全进全出"制度。为了避免疫病传播,提高鸡场生物安全,育雏时必须采用"全进全出"制度。全进全出制度是指同一个养鸡场或同一栋鸡舍养殖的鸡必须是同一日龄、同一批进鸡和同一批淘汰。育雏数量较大的鸡场要保证至少同一栋育雏舍实现"全进全出",禁止饲养不同来源、不同日龄的鸡。

（4）转群。在蛋鸡三阶段养殖模式中,育雏期结束后,鸡群需要进入下一个育成鸡养殖阶段,需要进行转群。根据不同养殖场情况,可能转入育成舍继续笼养,也可能改为平养。无论何种方式转群都是对鸡群的一次重大应激,因此要提前做好各项准备工作。

在转群前后两天可在饮水中添加多维电解质,提高机体抗应激能力,转群前应空腹;转群应选在晴好天气进行,群体较小时可在白天进行,注意避开高温时段;规模化养殖场转群可在夜间进行,黑暗条件下鸡只较为安静,抓鸡较为方便,不易惊群。转群后鸡群需要适应新的环境,需要加强鸡群管理,多观察鸡群状况,转入平养的鸡群应在饲料中添加抗球虫药,预防球虫病发生。

▶ 第三节 育成鸡饲养管理

育成期是蛋鸡承上启下的一个关键时期,育成鸡质量好坏直接关系到蛋鸡产蛋性能的高低。在蛋鸡育成期,要根据育成鸡的培育目标,做好

鸡舍环境管理、体重管理、免疫消毒和鸡群巡查工作等。

一 育成鸡培育目标

1.鸡群发育整齐,均匀度高

均匀度是衡量育成鸡质量的重要指标。青年鸡群体均匀度高,则开产后鸡群产蛋率上升速度快、高峰期产蛋率高而且高峰期持续时间长,养殖效益高。通常合格鸡群的均匀度在80%以上,90%以上为优秀。

2.体重和体格发育符合品种标准

育成鸡正处在身体各器官快速发育的状态,如心脏、肺脏、肾脏及骨骼、肌肉等组织器官均在这段时间生长发育,生长发育速度由育成初期的高速状态逐渐转入低速,在育成期末体格发育定型。除监测体重是否达标外,还要测定胫长,监测骨骼发育水平。鸡群整体胫长在品种标准上下10%范围内的个体达到80%以上为合格。只有体重、胫长标准一致的青年鸡群,其后续产蛋性能发挥才能保持稳定、高效,产生最大经济效益。

3.性成熟期合适,适时开产

育成期中后期鸡生殖系统开始发育并逐渐达到性成熟。性成熟早、开产早的鸡群早期蛋重偏小、产蛋高峰期持续期短、后期母鸡死淘率高。目前,高产蛋鸡配套系普遍存在性成熟期提早的趋势,通常18周龄时产蛋率在5%~10%是比较合适的,地方品种鸡群性成熟期相对较晚,开产日龄应相对延后。

二 育成鸡日常管理

1.鸡舍环境管理

(1)光照。光照刺激直接影响鸡生殖系统的发育。蛋鸡的生殖系统在13周龄开始发育,长时间的光照刺激会使生殖系统加速发育,因此育成鸡光照管理重点在于育成期后期光照时间的管理。育成期光照管理的原则是,育成期保持稳定的光照时间,每天光照时间为 8~10 小时,光照时间只能缩短,不能延长;育成期末,可根据鸡群体重达标情况逐渐增加光照时间,刺激生殖器官发育和开产。如果育雏期间光照时间长于 10 小时,转入育成舍后应每周逐渐缩短光照时间至稳定,可避免长时间光照刺激鸡的生殖系统发育,防止鸡群性成熟提前,造成提前开产。

密闭式育成舍采用人工光照,可根据计划定时开关灯,将每天光照时间稳定在 8~10 小时,后期可根据情况逐渐延长光照时间。有窗式鸡舍或开放式鸡舍由于受外界自然光照影响,而且外界自然光照时间随季节不同而在不断变化,光照时间控制难度较大,这类鸡舍育成期光照控制需要在利用自然光照的同时合理采用人工光照加以配合。通常上半年育雏的鸡群育成期在下半年,自然光照时间是逐渐缩短的,可以直接利用自然光照即可;下半年育雏的鸡群育成期自然光照时间是逐渐增加的,因此在育雏期或育成初期需要通过人工补光增加前期光照时间,以保持育成期光照时间稳定,不会过早刺激育成期的鸡群,导致母鸡生殖系统提前发育,过早开产。

（2）温度和相对湿度。育成鸡适宜温度为 20~22 ℃。鸡舍温度不应低于 10 ℃,尤其是育成早期,鸡群保温能力较弱,容易造成冷应激,此时应注意提高鸡舍保温性能,必要时可适当加温。当鸡舍温度高于 30 ℃时容易造成鸡群热应激,应采取通风降温措施,降低鸡舍温度。鸡舍升降温控制应注意循序渐进,不可骤升骤降,温差过大,容易造成鸡群感冒发病。平时要多关注天气预报,警惕天气骤变对鸡群造成应激,尤其是开放式鸡舍要注意避免打雷闪电、狂风暴雨造成惊群,应及时关闭门窗,减小应激。

育成鸡适宜相对湿度为 40%~70%。日常生产中,相对湿度偏低的问

题很少出现,通过洒水或喷雾消毒即可解决。需要重视的是相对湿度偏高的问题,尤其是在南方的梅雨季节以及夏季高温天气启动湿帘降温时,舍内相对湿度往往偏高,要引起饲养员的注意。

(3)通风。育成鸡生长发育快,代谢能力强,不断更换羽毛,皮屑脱落,粪便发酵,导致舍内空气污浊,有害气体浓度增加,粉尘浓度增加,微生物超标,容易造成鸡只呼吸道疾病发生。加强通风换气可以及时更换舍内空气,保持鸡群健康。

通风方式通常可分为机械通风和自然通风,机械通风效率高,风速大;自然通风效率低,受天气影响较大。无论采用哪种通风方式,注意风速不可过大,风不可直接吹向鸡群,注意舍内通风要均匀、不留死角。

2.体重管理

(1)饲喂和饮水。根据育成鸡生长发育特点和对营养需要的不同,育成阶段饲料营养水平也有所差异。育成前期的饲料需要较高的能量、蛋白水平及钙、磷等矿物质元素,以满足其肌肉、骨骼快速发育需要。育成后期生长速度相对放缓,控制体重过快增加成为主要目标,此时的饲料营养水平可适当降低,既能控制鸡群体重增速,又能相对降低饲料成本。

更换饲料要逐渐过渡,一般在3~5天内逐渐更换完毕,第一天可在原饲料中添加1/5~1/3的新饲料,混合均匀后饲喂鸡群,后续几天以此类推,不断提高新饲料的添加比例,逐渐完成新旧饲料的替换。

育成前期每天饲喂2次,上午、下午各一次;育成后期一般每天饲喂1次,多在上午饲喂。喂料时饲料添加要均匀,每个笼内鸡只的数量要相同,经常匀料,注意观察饲料采食情况,根据料槽内剩料和体重情况及时调整喂料量。若体重低于标准体重,可适当增加每次喂料量或增加喂料次数;若体重大于标准体重,可适当减少喂料量,进行限饲。

水是身体的重要组成成分,也是体内物质代谢必需的物质,因此,饮水质量一定要引起重视。无论育成鸡采取乳头饮水器还是普拉松饮水器,首先要保证鸡群有充足的饮水,一方面保证饮水器内的水不能断,另一方面要有足够的饮水位置,保证每只鸡都能随时方便地饮水。其次要保证饮水的干净卫生,一方面要保证水源质量干净可靠,另一方面要保证输水管线、饮水器具干净卫生。定期对饮水水质进行检测,定期对输水管线检修和清洗消毒,防止病菌污染饮水造成鸡群发病。

(2)体重和均匀度监测。体重是育成期重点控制的目标之一,此时鸡生长发育快,食欲旺盛,采食量大,而在育成后期肌肉骨骼发育速度减缓,自身所需营养减少,营养摄入过剩很容易造成鸡只体内脂肪提前沉积,腹脂过早沉积不利于生殖系统的生长发育和产蛋性能的发挥。因此,育成期仍需要定期进行体重和均匀度监测,控制鸡群体重按照品种标准增长。体重测定应固定时间、固定位置,在每周龄末(至少每两周测定一次)早晨空腹称重,抽测数量为群体总数的 1%~2%,最低不少于 50 只,计算其平均体重和均匀度,根据测定结果及时调整饲喂计划。若后期体重增加较快,要对鸡群实行限饲,控制体重增长速度。

(3)饲养密度和调群管理。蛋鸡育成期饲养密度见表 3-2。若鸡群均匀度低于 80% 时,应及时查找原因,找出解决办法。并根据体重大小和健康状况挑出体重过大的放在一起饲养,可通过减少喂料量适当控制体重;将体重小的个体挑出集中饲养,提高喂料量,增加饲喂次数,甚至更换营养水平更高的饲料,使其尽快达到标准体重。

3.免疫和消毒

(1)及时免疫。蛋鸡育成期内需要接种的疫苗数量最多,工作量最大,应当结合当地疫病流行情况制定科学合理的免疫程序,并认真及时接种,以保证鸡群保持较高的抗体水平,具备较高的免疫力。疫苗选购时应购买正规厂家生产的合格产品,运输和保存应按照说明书提供合适的

环境,以免疫苗失效。免疫后 7~10 天进行抗体滴度检测,确保免疫效果达标。

(2)定期消毒。每天打扫鸡舍内外卫生,保持地面清洁卫生。鸡舍及其外围环境要每周消毒 1 次,舍内每周要带鸡消毒 2~3 次,出入鸡舍人员应对手部和鞋底进行消毒。

4.其他

(1)做好日常生产记录。做好育成期每天的日常生产记录,记录鸡群数量变动情况(死亡、淘汰、出售等)、饲料消耗情况、消毒、免疫、用药以及其他特殊情况等。

(2)做好鸡群巡查。每天要认真观察鸡群,发现病、弱、死鸡要及时挑出。对病鸡单独隔离观察,及时确定致病原因,决定是否需要全群用药治疗,本着"早发现,早治疗"的原则,防止疾病在大群中暴发。巡查时还要注意检测各类设备是否运行正常,如有损坏及时维修,以免影响正常生产。

▶ 第四节　产蛋鸡饲养管理

产蛋期是蛋鸡生产的关键阶段,饲养管理上不但要做好鸡舍环境控制,而且要做好产蛋前、中、后期的转群、称重、饲喂、饮水、捡蛋等工作,还要根据季节的气候条件变化,做好产蛋鸡的四季管理。

一 产蛋鸡日常管理

1.产蛋前期管理

高产蛋鸡的产蛋前期通常指 16 周龄左右转入产蛋舍到产蛋率达到 80%的这段时间。开产前蛋鸡生殖器官快速发育,体内开始积累营养物质,为产蛋做准备。在此期间要加强蛋鸡管理,为充分发挥产蛋性能打下良好基础。

(1)做好转群工作。开产前鸡群由育成舍转入产蛋舍,对鸡群是一次重大应激,应做好转群前后各项日常管理工作。转群前要对产蛋舍进行清扫消毒工作,空舍15天以上,做好舍内设备检修、调试,贮备各项物资。转群前在饲料或饮水中添加抗应激添加剂,转群应选在天气晴好、气温适中的时候进行,转群前提前停料,工人抓鸡时要轻拿轻放,不能造成鸡只损伤。大规模转群最好在夜晚关灯后进行,或调暗舍内灯光。转入新鸡舍后也应保持暗光环境,避免强光刺激。

(2)定期称重。体重管理是贯穿整个蛋鸡养殖周期的一项重要工作,根据体重监测结果与标准体重的差异及时调整饲料配方和喂料量,使鸡群始终处于适宜的体重范围内,更好地发挥产蛋性能。在产蛋前期蛋鸡体重仍在逐渐增加,此时仍要定期称重以便掌握鸡群生长发育情况;同时,通过称重可对鸡群进行分群,对体重较小的鸡进行分群饲养,提供高营养饲料加快其生长发育速度,使其尽快达到标准体重。

(3)适时更换产蛋料。当鸡群在17~18周龄达到开产体重时,要及时更换饲料,改喂预产期饲料,增加蛋鸡体内钙的储备并储备足够的营养和体能,为后期产蛋做准备。预产期饲料粗蛋白含量应达到16%~18%,钙含量应达到2%。当鸡群产蛋率达到5%时,将饲料更换为产蛋高峰期饲料,高峰期饲料中钙含量为3%~3.5%,还可以额外添加一些颗粒状的石灰石或贝壳粒供鸡采食。两次换料都要注意逐渐过渡,不可一次性换料,以免对鸡群造成应激。

(4)增加光照时间。光照时间和鸡群的开产周龄有密切关系,光照时间延长时会刺激母鸡生殖器官的发育,促进开产;光照时间缩短时会刺激鸡群逐渐停产。因此当鸡群转入产蛋舍后,根据鸡群周龄和体重情况,

前期可继续维持育成期光照时间,当鸡群体重达到开产体重时要逐渐延长光照时间,刺激鸡群开产。

密闭鸡舍一般在 18 周左右开始延长光照时间,每周延长光照时间 0.5~1 小时,直至稳定在每天光照时间 16 小时为止,不可突然一次增加过长的光照时间。同时要注意,延长光照时间应当与更换饲料同步进行,以保证母鸡的生殖系统发育和体躯发育同步进行。当母鸡 20 周龄体重仍然未达到开产体重时,应当先采取措施使鸡群体重达标后再延长光照时间。

有窗式鸡舍或开放式鸡舍光照时间受自然光照影响较大,人工补光应与自然光照合理搭配。当鸡群开产时处于自然光照时间逐渐延长的季节时可不用人工补光,直到自然光照时间逐渐缩短的时候开始人工补光,保证鸡舍每天光照时间继续增加,直到稳定在 16 小时/天。当鸡群开产时处于自然光照逐渐缩短的季节,应根据自然光照时间长短提供人工光照补光,并且要每周延长光照时间,直至稳定在光照时间 16 小时/天。

2.产蛋高峰期管理

对高产蛋鸡来说,产蛋高峰期通常指鸡群产蛋率达到 80%~85% 的时期,一般在 25 周龄左右即可进入产蛋高峰期,不同品种会稍有差异。产蛋高峰期是蛋鸡养殖的关键时期,也是鸡群充分发挥生产性能的重要时期。在饲养管理情况良好的情况下,高产蛋鸡品种的产蛋高峰期可维持 6 个月甚至更久。以海兰褐壳商品蛋鸡为例,一般在 25~28 周龄产蛋率可达到 85%,并且能维持 6 个多月,90% 以上的产蛋率可维持 4 个月。因此,要高度重视产蛋高峰期的饲养管理,应注意以下几个要点。

(1)饲料。产蛋高峰期的蛋鸡几乎每天产一个鸡蛋,需要机体吸收、合成大量的营养物质,因此产蛋高峰期的饲料要充分满足鸡只的营养需要。高峰期蛋鸡饲料要求营养水平高而且均衡,尤其要注意保证日粮中维生素、微量元素、氨基酸以及钙、磷等矿物质元素的足量添加和平衡。

在保证饲料营养充足的前提下，还要保证生产饲料的原料品质良好，不使用霉变的饲料原料，尽量不使用含有抗营养因子或毒素的饲料原料，如棉籽粕、菜籽粕等。为了降低养殖成本或减少对玉米、豆粕等常规饲料原料的依赖，使用这些饼粕类时最好经过发酵处理，并要控制适当的添加比例。

配制好的饲料要保证新鲜卫生，不宜长期储存，不得受到病菌微生物等污染，不得受潮霉变。还要注意不同批次加工的饲料尽量保持相对稳定，加工饲料的原料、饲料的颜色、性状等尽量保持一致。除非饲料出现质量问题，否则不宜更换饲料。当需要更换饲料配方或不同厂家的饲料时要逐渐过渡，以免对鸡群造成应激影响产蛋性能。

（2）饲喂。目前绝大部分蛋鸡场都采用了机械化自动喂料系统，每次喂料前根据饲养标准推荐的采食量或根据实际采食量，在料箱内加入需要的饲料量后即可由喂料机将饲料均匀地添加到料槽内。每天的喂料时间要固定，喂料量也要相同。每次添加饲料时要均匀，保证每只鸡都能采食到饲料。当喂料机加料完毕后，饲养员要及时巡视鸡群采食情况，对料槽中的饲料进行匀料，将堆积的饲料匀到其他地方，保证鸡群采食均匀，将料槽内的饲料吃干净，防止饲料堆积霉变。

（3）饮水。产蛋高峰期蛋鸡采食量大，代谢强度大，需要的饮水量也多，必须为蛋鸡提供充足、清洁的饮水。一般饮水量是蛋鸡采食量的2~3倍，若饮水供应不足，会造成鸡群产蛋率急剧下降。在给鸡群提供充足的饮水时还必须注意饮水的质量，保证饮水的清洁卫生。首先保证水源洁净，尽量使用自来水或深井水，使用地表水时应对饮水进行过滤消毒；其次对供水系统进行定期清洗消毒，防止病菌和藻类等滋生。

（4）捡蛋。捡蛋是鸡群产蛋期的重要工作内容。及时捡蛋可缩短鸡蛋

产出后在鸡舍中的暴露时间,降低空气中粉尘、微生物等附着在鸡蛋上的概率,减少鸡蛋被污染的机会,有利于鸡蛋的保存和卫生。

规模化蛋鸡场多采用自动化集蛋系统,大大提高了工作效率;小规模蛋鸡场仍以人工捡蛋为主。一般每天捡蛋 2~4 次,及时将鸡群产出的鸡蛋收集分拣后运到蛋库保存。捡蛋时要将合格蛋和不合格蛋(如软蛋、破蛋、畸形蛋等)分别放置,分开处理。

捡蛋后及时清点记录产蛋数量、蛋重等数据,并注意观察鸡蛋外在品质有无异常。如果鸡群出现健康问题或其他问题,往往会在产蛋量、蛋重或鸡蛋外观品质等方面反映出来,如有异常要尽快处理,查找原因。

(5)光照。产蛋高峰期光照要求稳定,每天保持相同的光照时间、相同的光照强度,绝对不能缩短光照时间。从产蛋前期开始逐渐延长光照时间,每周延长半小时光照,直到达到每天 16 小时光照后维持稳定。开放式鸡舍受自然光照影响,白天可利用自然光照,自然光照时间不足时,采用人工补光措施补足 16 小时光照。

(6)温度和相对湿度。产蛋鸡适宜温度为 13~23 ℃,温度过高或过低都不利于发挥蛋鸡的最佳生产性能。鸡舍内温度控制的难点是夏季,夏季外界环境温度高,对鸡舍降温能力要求较高,可通过湿帘风机通风降温系统、喷雾、降低饲养密度等方式降低鸡舍温度。

产蛋鸡适宜相对湿度为 55%~65%。鸡舍内相对湿度过低会导致鸡羽毛脏乱,皮肤干燥,甚至造成鸡体脱水。相对湿度过低也容易造成空气干燥,鸡舍内粉尘增加,容易引起鸡群呼吸道疾病。鸡舍内相对湿度过高会抑制鸡体的呼吸散热,空气中相对湿度过大有利于病菌繁殖,容易引发各种疾病,影响产蛋性能。

温度和相对湿度叠加更容易对鸡群造成不利影响,日常生产中更要引起注意的是高湿对鸡群的不利影响。当鸡舍低温高湿时会加重鸡群的冷应激反应,蛋鸡采食量加大,产蛋量下降,容易感冒患病。当鸡舍高温高湿时会加重鸡群热应激反应,蛋鸡采食量减少,产蛋量下降,造成中暑甚至死亡,而且还容易造成鸡舍中饲料发霉变质。

(7)通风。通风是改善鸡舍内空气质量、降低鸡舍温度的重要措施。产蛋高峰期通风要平稳,避免对鸡群造成应激。夏季鸡舍通风以防暑降温为主要目的,以纵向通风为主,宜采用大风量,增加风速,降低鸡只的体感温度。冬季通风以更换舍内空气为目的,以横向通风为主,在保持舍内温度的前提下,在满足鸡只最小呼吸量的基础上,确定风机开启的数量和通风时间及频率。春、秋季环境温度较为舒适,宜采用纵向通风和横向通风相结合的方式控制鸡舍内温度,改善鸡舍内空气质量。

(8)其他。加强日常巡查,注意观察鸡群健康状况,如鸡群的精神状态和呼吸的声音是否正常、粪便颜色和形状是否正常、蛋壳质量是否正常等,如发现异常情况要尽快查明原因,对症处理。

此外,还应及时捡出笼内病死鸡进行无害化处理,做好日常环境卫生消毒工作和预防应激等,为鸡群产蛋创造一个安全、舒适的环境。

3.产蛋后期管理

当高产蛋鸡产蛋率下降到80%以下时,就意味着鸡群进入了产蛋后期。在此阶段要根据鸡群生理特点的变化及时调整饲养管理方案。

(1)调整饲料营养水平。产蛋后期鸡群产蛋性能逐渐下降,产蛋所需营养消耗减少,如果仍然按照高峰期的饲料营养水平配制饲料,就会导致产蛋鸡摄入过多营养,多余的营养会在体内转化为脂肪沉积,尤其是腹脂,导致蛋鸡体重增加,会严重影响母鸡的产蛋性能。因此,产蛋后期随着产蛋率下降,要逐渐降低饲料营养水平,同时可适当减少喂料量,以防止后期鸡只过肥。

(2)改善鸡蛋品质。产蛋后期母鸡各器官组织老化,钙的吸收沉积能

力变差,蛋壳逐渐变薄,破壳蛋、软壳蛋增多,同时蛋重逐渐变大,影响产蛋后期的鸡蛋品质,进而影响鸡蛋的销售价格。

产蛋后期要采取措施改善鸡蛋品质。首先,增加日粮钙含量可提高蛋壳质量,应选择合适的钙源和添加方法,贝壳粉和石粉的比例为2:1时改善蛋壳品质效果较好,蛋壳强度显著增大。其次,当蛋壳质量明显变差时,可在每天下午3~4点时直接在料槽中补充颗粒状贝壳或石粉让鸡群自由采食,按每只鸡每天5克的量饲喂,可明显降低破壳蛋、软壳蛋数量。第三,当产蛋后期蛋重明显变大时,应适当减少蛋鸡每天喂料量或适当提高舍内温度,有助于控制鸡蛋大小。

(3)加强日常管理。产蛋后期蛋鸡身体机能变差,对疾病抵抗力和环境适应能力降低,敏感易惊群,应加强日常管理。

①控制好鸡舍内环境,保持舍内温湿度稳定,空气清新,维持光照程序不变。

②加强鸡群的日常巡查工作,及时发现并淘汰病鸡、残鸡和死鸡。

③加强卫生管理,根据抗体水平监测结果加强新城疫、禽流感等免疫。

④加强对鸡舍内环境和饮水设备的清洗消毒工作。

二 产蛋鸡四季管理

蛋鸡养殖周期长,尤其是高产蛋鸡通常养殖周期在72周左右,其中产蛋期占养殖周期的3/4,产蛋期长达1年,经历了春夏秋冬四季。在不同季节,要根据当季气候特点采取相应措施,尽量降低气候条件对蛋鸡生产性能的不利影响。

1.春季产蛋鸡管理

春季是各类传染病高发季节,不但要加强鸡舍内外环境的卫生和消毒工作,而且要关注鸡群的防疫和保健,尤其是禽流感和新城疫的防控工作,提高蛋鸡免疫力。

春季气温不稳定,容易受寒流的影响,饲养管理人员要时刻关注天气预报,可能出现大风降温天气时,采取提前关闭门窗、通风孔等,减少通风时间和频率,提高喂料量等措施,做好鸡群防寒保暖工作。

春季日照时间逐渐延长,非密闭式鸡舍容易受到自然光照的影响,还要考虑光照因素对产蛋鸡产蛋性能的影响。

2.夏季产蛋鸡管理

夏季高温造成的热应激是夏季产蛋鸡面临的最大挑战,此外,夏季出现雷雨大风天气频率较高,还要注意一些极端天气的预防工作。

夏季蛋鸡饲养管理的重点工作是防暑降温,保证产蛋鸡的采食量,以维持正常产蛋所需营养。湿帘风机通风降温系统仍是目前最经济、有效的鸡舍防暑降温措施,可将鸡舍内温度降低 5~6 ℃。当天气持续高温,湿帘风机通风降温系统仍不能满足降温需要时,可同时采用喷雾降温的方法,向鸡羽毛上喷淋水雾,利用水雾吸热蒸发给鸡局部降温,促使鸡的体感温度下降,再利用风机系统将空气中的水分排出舍外。但是要注意,这种方法不可长期使用,只能作为应急措施短期使用,因为喷雾降温会造成鸡舍内空气相对湿度增加,高温高湿环境对鸡群的影响要大于高温低湿环境。

夏季天气炎热,鸡群食欲降低,要想办法激发鸡的食欲,维持其正常采食量,以免产蛋率下降。可以通过改变饲喂时间,避开白天气温高的时候喂料,选择在早晚气温较低的时候喂料,还可以在夜间 12 点左右开灯0.5~1 小时进行补饲,以保证鸡群正常采食量。此外,还可以通过降低饮水温度来降低鸡的体温并刺激鸡的食欲。降低饮水温度可以直接在水箱中投放冰块,也可经常更换水塔中的水,不要给鸡群饮用经过曝晒的水。

在饮水中添加一些维生素C或碳酸氢钠也可有效缓解鸡群热应激,其他如多维电解液等也可提高鸡群抗热应激能力。调整日粮组成结构,适当提高饲料营养浓度也有助于鸡群抵抗热应激,增加日粮中脂肪含量代替碳水化合物(玉米)可改善饲料适口性,提高蛋鸡采食量和消化吸收率。

夏季是一些极端天气状况高发的季节,如暴雨导致的水灾、持续高温干旱,甚至维持鸡群正常生产的饮用水缺乏,以及长期高温导致生产用电紧张,可能出现突然停电等突发事故,这些突发状况都会对蛋鸡正常生产造成重大影响甚至是损失。虽然出现频率较低,但事先仍应做好应急预案,储备适量的防洪救灾物资、寻找备用水源、配备应急发电机及燃料等,以应对各种突发情况,保证正常生产,降低意外情况造成的损失。

3.秋季产蛋鸡管理

秋季气温逐渐下降,自然光照时间逐渐缩短,昼夜温差变大,雨水多,湿度大。秋季应以稳定舍内适宜环境条件为主,白天气温较高,以通风换气为主;夜晚温度降低较快,要注意防风保温。要综合运用机械通风和自然通风手段,注意调整风速、风向,合理开启风机数目和进风口数量及角度,为鸡群创造一个舒适的产蛋环境。秋季日照时间缩短,对开放式鸡舍产蛋鸡影响较大,需要及时调整鸡舍灯光开关时间,利用人工光照补足自然光照的时间,保持每天16小时光照时间,维持鸡群正常产蛋性能。

4.冬季产蛋鸡管理

冬季外界气温低,风力大,雨雪天气多,自然光照时间短,要加强产蛋鸡冬季的饲养管理措施,保证鸡群健康过冬。

(1)防寒保暖。冬季蛋鸡舍内温度不应低于8℃,最好保持在10℃以上,当鸡舍温度低于7℃时,鸡群产蛋量有明显下降。密闭式蛋鸡舍由于密封性较好,养殖密度大,靠自身机体产热即可维持适宜的舍内温度。对于北方极端寒冷地区鸡舍和非密闭式鸡舍,当冬季舍内温度过低时,可采取一些加温措施提高舍内温度;同时适当提高喂料量,增加营养摄入,提高鸡只抵御低温的能力。

(2)通风换气。通风换气在将舍内污浊空气排出、引入新鲜空气的同时,也会将鸡舍内热量带走,外界冷空气的进入会导致舍内温度下降,不利于蛋鸡生产。因此,冬季通风换气应以最小换气量为原则制定通风换气方案,在满足鸡只最小呼吸量的前提下,尽量保证舍内温度。通风换气时应注意冷空气不可直吹鸡群,进风口应加装导风板。日常还要注意检查鸡舍密闭性,避免门、窗、湿帘、风机及粪沟等处有冷风窜入,形成"贼风"。

(3)补光。冬季自然光照时间短,对于开放式鸡舍自然光照时间不足,会导致产蛋率下降,需要通过人工补光维持鸡群正常产蛋率。早晚人工补光均可,保证每天 16 小时光照,早晨补光可刺激鸡每天产蛋时间提前,有利于捡蛋等日常管理工作。人工补光要注意光照强度以 5~10 勒克斯为宜,保持每天光照时间稳定,做到定时开关灯,不可忽早忽晚。

▶ 第五节　人工强制换羽技术

换羽是禽类的正常生理现象,对于成年鸡,通常在产蛋满一年后开始换羽,一般在夏末或秋初开始。鸡个体自然换羽时间约 7 周,由于鸡群个体自然换羽的时间不一致,大群完成自然换羽的持续时间可长达 10~13 周,而且个体在换羽期间产蛋率明显下降甚至会停产,因此会导致鸡群在换羽期间产蛋率显著下降。人工强制换羽是采取强制性方法,给鸡群以突然应激,造成新陈代谢紊乱,营养供应不足,使蛋鸡迅速换羽后快速恢复产蛋的措施。

一 强制换羽意义

1.延长产蛋鸡利用年限

商品蛋鸡一般饲养至 72 周龄、父母代种鸡饲养至 66 周龄后,由于其产蛋率明显下降,会进行淘汰更新。甚至有一些小规模养殖户由于设备和饲养管理技术落后,鸡群在 55 周龄后产蛋率就明显下降,被迫淘汰更新。对鸡群采用强制换羽后可恢复较高的产蛋率(继续利用 5 个月左右),可以降低每批鸡的育雏育成期成本,增加养殖收益。

2.降低引种成本

强制换羽技术更多地用在种鸡养殖场,尤其是一些从国外引种的种鸡场,进口种鸡价格很高。为了延长进口种鸡的利用时间,尽可能多地提供种蛋,降低引种成本,当种鸡产蛋率明显下降时,可采用强制换羽技术,延长种鸡利用时间。

3.适应市场需求

鸡蛋和雏鸡的价格受季节以及其他畜禽产品供应的影响很大,市场行情常常产生巨大波动,可以根据对市场行情的预测,利用强制换羽技术来适应市场需求,调节生产计划。如果预测到近期市场对鸡蛋(包括种蛋、雏鸡)需求增加,价格很可能上涨,此时培育新的产蛋鸡又来不及的情况下,可利用强制换羽技术,使原本处于产蛋后期的鸡重新高产,迅速为市场提供需要的产品。或当某一阶段鸡群产蛋率仍保持较高水平,但是市场蛋价较低,为了降低饲料消耗,此时可以考虑采用强制换羽措施,使鸡休产,度过市场低迷期,待市场价格恢复到正常水平时再使鸡群恢复产蛋。

二 强制换羽方法

根据强制换羽时采取的措施不同,人工强制换羽方法可分为生物学法(激素法)、化学法(在饲料中添加高浓度的锌)、畜牧学法(饥饿法)和综合法(畜牧学法和化学法相结合),其中畜牧学法是蛋鸡生产中最常使用的方法。畜牧学法也称饥饿法或断水绝食法,主要是通过对鸡群实行停水、停食和停光三要素的控制,使鸡群遭受突然应激,体重减轻,生殖器官相应萎缩,从而达到停产换羽的目的。这种方法相对安全,且易于被广大养殖者掌握。

三 强制换羽步骤

人工强制换羽的步骤可分为四个阶段:准备期、实施期、恢复期和第二产蛋期。

1.准备期

准备期通常是在正式执行强制换羽前的一周,在此期间要做好强制换羽的准备工作。主要工作内容包括:确定换羽时间,制订换羽方案;挑选进行换羽的健康鸡群;对换羽鸡群进行疫病监测,加强免疫;对鸡群进行换羽前称重;准备钙、恢复期饲料等换羽期间需要用到的各项生产物资。

2.实施期

实施期是根据制订的换羽方案开始执行的第一天到鸡群体重下降25%~30%或死亡率达到3%时停止的时间。在此期间鸡群产蛋率迅速下降直至完全停产,蛋鸡体重迅速减轻,羽毛开始脱落。在强制换羽实施期还要根据强制换羽方案配合相应的停水、停料和光照控制措施,具体实施方案见表3-3。

3.恢复期

恢复期是指鸡群体重减轻25%~30%后逐渐恢复给料开始,喂料量不断增加,鸡群体重上升,新羽长出,恢复产蛋且产蛋率达5%的这一段时间。

表3-3　强制换羽实施方案

阶段	时间/天	饲料	饮水	光照时间/(小时/天)	
				密闭式鸡舍	开放式鸡舍
实施期	1~3	停料	停水	8	自然光照
	4~7	停料	恢复饮水	8	自然光照
	8天及以后	根据失重率及死亡情况确定恢复供料时间	正常饮水	8	自然光照
恢复期	恢复供料第一天	按每只鸡每天50克喂给育成料	正常饮水	每天增加0.5小时	自然光照＋人工光照
	至恢复产蛋率5%	每天每只鸡增加10克料至每天每只鸡110克料保持稳定	正常饮水	递增至16小时稳定	递增至16小时稳定
第二产蛋期	鸡群产蛋率5%至淘汰	正常饲喂蛋鸡料,自由采食	正常饮水	16	16

4.第二产蛋期

第二产蛋期是指鸡群完成换羽后重新恢复产蛋,产蛋率达5%开始直至鸡群淘汰的时间。

（四）强制换羽饲养管理要点

1.换羽前整群

强制换羽的鸡群一般以60~70周龄为宜,过早实施,鸡群仍处于高产期,浪费其生产性能;过晚实施,鸡群体质较差,剧烈的应激可能导致鸡群死亡率升高,影响强制换羽效果。对计划实施强制换羽的鸡群,在强制换羽前应对鸡群进行整理,淘汰病鸡、弱鸡,将已经开始换羽的鸡挑出集中饲养,选择健康状况良好、前期产蛋性能好的鸡群进行强制换羽。一般来说,第一个产蛋周期产蛋性能好的鸡群,经过强制换羽后其产蛋性能也能保持较高水平。开始强制换羽前一周对鸡群进行鸡新城疫–禽流感

（H9）二联灭活疫苗接种。

2.换羽期体重监控

在强制换羽的第一天,随机选取群体总数的 1%~2%,最低不少于 100 只的个体逐只称重,并计算平均体重作为基础体重,以后的失重率均以此次基础体重为标准,所以要求数据准确。不同体型的蛋鸡品种强制换羽时体重下降的幅度要求也不相同,轻型蛋鸡失重率 25%~30%,中型或大型蛋鸡失重率 25%左右。换羽期间每个周末都要称重,随着失重率的提高逐渐增加称重次数,在恢复给料的前几天要每天称重,有利于更加准确地确定恢复给料时间。

3.恢复期饲养管理

（1）恢复给料。当鸡群失重率达到要求时应立即恢复给料。刚开始喂料时应遵循“少量多次”的原则, 一般前 1~2 天每天每只鸡饲喂 20~30 克,上午和下午分别添加 1 次饲料,以免鸡只抢食发生撑死现象;然后逐渐增加饲喂量到 90 克;最后采取自由采食方式。前期建议使用能量和钙含量较低的育成料,当鸡群产蛋率达到 1%时开始更换产蛋料,产蛋率达到 5%时饲料更换完成。恢复给料期间应在饲料或饮水中定期添加复合维生素和多种氨基酸,有利于鸡体体质恢复和羽毛生长。

（2）观察鸡群状况。每天对鸡群的精神状态进行观察,如果发现鸡只打蔫、鸡冠发紫、饮水量减少、呼吸道或粪便异常等情况,应立即查找原因,采取改进措施。同时,结合失重率触摸鸡只胸肌来判断消瘦情况,一般刚开始停料时,胸肌发软、松弛,随着失重率的增加,应该考虑恢复给料。通常种鸡换羽实施的第 1 周死淘率不超过 1%, 前 10 天死淘率 1%~1.5%,前 5 周死淘率控制在 3%以内。如果死淘率较高,应立即调整强制换羽措施,甚至中止停料,鸡群恢复给料。

（3）提供适宜环境。换羽期间应加强鸡舍的温湿度和通风管理,以保

证鸡群健康水平,避免感染呼吸道和肠道疾病。同时提供合理的光照,刚开始实施强制换羽时应将光照时间减少到 8 小时,恢复给料 1 周后将光照增加到 12 小时,之后每周增加半小时,一直增加到 16 小时维持恒定光照时间。

第四章　优质鸡蛋生产

鸡蛋是养鸡生产最主要的产品,蛋品质对鸡蛋销售价格有着重要影响。随着人们生活水平的提高,消费者对鸡蛋的蛋黄颜色、蛋重、鸡蛋微量元素含量和鸡蛋气味等比较关注,如何提高鸡蛋品质和生产优质鸡蛋越来越受到蛋鸡生产者的重视,下面简要介绍优质鸡蛋生产技术。

▶ 第一节　蛋黄颜色调控技术

一　蛋黄颜色对蛋品质的影响

蛋黄颜色是消费者最关注的一个衡量鸡蛋品质的物理性状,蛋黄颜色通常在浅黄色到深黄色之间变化,而日常消费者喜欢的蛋黄颜色偏向深黄色。尽管蛋黄的颜色与鸡蛋的营养价值并无显著相关,但是蛋黄颜色较深的鸡蛋对提高商品价值、刺激感官、促进食欲方面有明显影响,日常生活中大多数消费者愿意以较高的价值购买蛋黄颜色较深的鸡蛋。

蛋黄颜色较深表明蛋黄中所含的色素和某些维生素含量较高,尤其是类胡萝卜素和维生素 B_2 等,对于种蛋来说,深色蛋黄种蛋的孵化率要高于浅色蛋黄种蛋。蛋黄颜色还直接影响蛋制品的感官指标和产品质量,如全蛋粉、蛋黄粉、蛋黄酱、咸鸡蛋等产品的加工品质都与原料鸡蛋的蛋黄颜色有密切关系。

二 蛋黄颜色形成

蛋黄的颜色是由来自母鸡饲料中的有色物质也就是色素产生的,主要是氧化类胡萝卜素。氧化类胡萝卜素主要是由植物、微生物和甲壳类动物制造的,是类脂化合物。氧化类胡萝卜素多种多样,可分为天然类胡萝卜素和合成类胡萝卜素,主要有β-胡萝卜素、玉米黄质、叶黄素、辣椒红、虾青素、斑蝥黄、柠黄素等,根据分子结构不同其颜色也不同,蛋黄颜色主要受黄色和红色氧化类胡萝卜素的影响。研究发现,天然色素中只有那些具有含氧功能基团(如羟基、酮基或酯基)的氧化类胡萝卜素才能使蛋黄着色,不含有功能基团的胡萝卜素在蛋黄中的沉积量不明显。各种化学合成的类胡萝卜素的着色效果和颜色特性也各不相同。

三 影响蛋黄颜色的因素

1.遗传因素

蛋黄颜色也是受遗传因素影响的性状,蛋黄颜色的深浅是每只母鸡的性状,蛋黄颜色的差异反映了每只母鸡把饲料中的类胡萝卜素等色素沉积到蛋黄的能力的差异。这一性状受蛋鸡品种的影响,一般情况下地方品种的蛋黄色泽较高产蛋鸡的深。

2.营养因素

蛋黄的颜色是由色素在蛋黄中沉积形成的,而色素最直接和主要来源就是饲料,因此,饲料营养是影响蛋黄颜色的主要因素,也是最为复杂的因素。

饲料种类对蛋黄色素的直接影响是由饲料原料中的色素含量决定的,如用玉米和苜蓿粉喂鸡,蛋黄颜色较深;使用小麦和大麦代替玉米和苜蓿粉时,蛋黄颜色就会显著变浅,这是因为饲料中缺乏玉米黄质,而叶黄素又受到小麦和大麦中含有的抑制因子的影响,导致母鸡对叶黄素的吸收和贮存降低。因此,当在产蛋鸡饲料中使用小麦或大麦时,其用量应限制在 10%~30%,同时还应在饲料中添入少量类胡萝卜素和脂肪,可以缓解饲料中色素吸收抑制因子的作用。

当饲料原料本身含有的色素较少时,可以单独添加一些色素以增加色素的吸收和在蛋黄中的沉积。研究表明,影响蛋黄着色的主要物质是黄色和红色氧化类胡萝卜素,关键的影响因素有两个:一是黄色素基色的浓度,二是黄色素和红色素的平衡,两者最恰当的比例为 2:1,这种情况下蛋黄着色效果最佳。这两类物质无论是天然的还是人工合成的,都能使蛋黄着色。天然着色剂是指一些富含类胡萝卜素的植物,如金盏花瓣、红辣椒、小球藻、海绵藻、胡萝卜等。天然色素添加安全,但是成本稍高,人工合成色素价格便宜,但是要添加的种类和计量必须严格按照国家有关规定执行。

饲料中的脂肪和抗氧化剂也会影响蛋黄颜色。影响蛋黄颜色的物质主要是氧化类胡萝卜素,氧化类胡萝卜素溶于脂肪,有研究认为其在小肠中的吸收可能与脂肪吸收平行。同时,饲料在储藏期间色素和脂肪会被逐渐氧化。因此,在饲料中添加适量的脂肪和抗氧化剂可以减少饲料在储存过程中的氧化损失,而且可以提高色素被机体吸收的效率。常用的抗氧化剂有丁基羟基茴香醚、丁基化羟基甲苯和维生素 E 等。丁基羟基茴香醚的抗氧化作用较好,在消化道中对食物还有一定的保护作用。维生素 E 对于防止脂肪氧化比丁基化羟基甲苯更有效,但丁基化羟基甲苯和维生素 E 在增进蛋黄着色上具有协同作用。

影响色素的吸收和在蛋黄中沉积的营养因素还有很多,有研究表明,过量的维生素 A 可降低蛋黄颜色,在日粮中加入牛羊脂肪不但可以增强类胡萝卜素的吸收,在一定程度上还能抵消过量维生素 A 的抑制作用。此外,还有关于抗生素和一些药物(如抗球虫药剂)对蛋黄颜色影响的研

究,在日常生产中要注意这些细节。

3.养殖方式

除遗传和营养的因素以外,饲养管理对蛋黄颜色也有影响。通常情况下,散养蛋鸡的蛋黄颜色比密闭式鸡舍饲养的鸡的蛋黄颜色深,这应该是由于散养鸡采食的饲料来源更加多样,可以采食到散养环境中更多的带有天然色素的植物饲料和富含脂肪的动物性饲料,促进了色素的吸收和沉积。也有研究发现,产蛋鸡笼养时其蛋黄颜色比地面平养时蛋黄颜色深,具体原因有待深入研究。

四 加深蛋黄颜色的方法

从蛋黄颜色形成的机制和影响因素来看,为了提高蛋黄颜色,饲料中必须要有足够多的可以被机体吸收并沉积在蛋黄里的氧化类胡萝卜素,主要是叶黄素和玉米黄质等色素。饲料中的色素主要由饲料原料提供,饲料原料中色素含量又受饲料原料的种类、刈割时期、贮存条件等因素的影响。然而受到饲料中不同原料比例的限制,蛋鸡生产中需要的色素可能无法完全通过饲料原料提供,生产中可以使用色素添加剂来弥补蛋鸡饲料中色素含量的不足。无论人工合成的或天然的色素添加剂,在符合国家有关规定的前提下均可使用,但目前更多的是使用天然色素添加剂,现介绍如下。

在蛋鸡饲料中尽量使用玉米作为能量饲料,也可使用部分胡萝卜、青苜蓿等青绿饲料作为饲料,提高蛋黄颜色。

在产蛋鸡饲料中加入0.5%~0.75%的金盏花粉能够明显提高蛋黄颜色。将红辣椒按0.2%的比例加入饲料中,也可以获得同样理想的效果。此外,在饲料中添加红硫菌1%干菌体,3天后蛋黄颜色即有显著改善。

研究表明,用少量的小球藻粉或其他海藻类喂鸡,7天后蛋黄颜色会

有明显改进。也可以使用10%的青三叶草或聚合草喂鸡，使蛋黄颜色加深。此外，以甲壳类动物代替饲料中的肉粉，不仅可以补充蛋白质和钙，同时还能达到增色效果。

▶ 第二节　鸡蛋微量元素富集技术

鸡蛋是人们日常生活中最普遍的食物之一，鸡蛋生产周期短、食用方便快捷，通过鸡蛋富集微量元素并被人体吸收利用，是一种补充人体缺乏的必需微量元素和营养成分的有效方法。因此，营养富集型鸡蛋，也称功能性鸡蛋、保健蛋等，受到广大消费者的认可。许多蛋鸡养殖企业开发了很多种类的营养富集型鸡蛋，满足了人们对特色鸡蛋的需求。

目前，营养富集型鸡蛋的产品主要是富集微量矿物质如碘、硒、锌、铁等的鸡蛋，以及富集一些微量营养物质如多不饱和脂肪酸、维生素等的鸡蛋。

一　微量矿物质元素富集

1. 硒

硒和人体健康有密切关系，缺硒容易导致克山病、大骨病、风湿性关节炎、肝炎等40多种疾病。补硒不仅可以防治缺硒导致的疾病，而且能够显著降低各种癌症的发病率和死亡率。我国约有1亿人缺硒或低硒，补硒已经成为人们关注的事情。鸡蛋中的硒是有机硒，容易被人体消化吸收，因此，食用富硒鸡蛋是补硒有效、经济、方便的途径。

鸡蛋中硒的含量可随着蛋鸡日粮中硒的含量在短期内产生变化，因此在日粮中提高硒含量即可明显提高鸡蛋中硒的含量。家禽养殖中常用的硒源分为无机硒和有机硒，无机硒有硒酸盐和亚硒酸盐等；有机硒又

可分为生物转化有机硒(如富硒酵母、富硒苜蓿、富硒玉米等)和人工合成有机硒(硒代蛋氨酸、硒代胱氨酸等)。研究表明,饲料中不同硒源的硒在鸡蛋中的富集效率不同,在同等添加量下,有机硒的富集效率高于无机硒。

2.铁

铁在生物机体代谢中起着至关重要的作用,参与氧的转运、代谢及细胞生长等过程。富含铁的鸡蛋是儿童、孕妇等容易患缺铁性贫血人群补充铁元素的有益食物。为了提高鸡蛋中铁的含量,可在饲料中添加适量的含铁添加剂,通常使用的含铁添加剂有硫酸亚铁、纳米硫酸亚铁、甘氨酸铁等。为了增加机体对铁的吸收,可同时添加有机酸作为加强吸收的强化剂,如抗坏血酸、柠檬酸和乳酸等。研究表明,维生素 A 缺乏时不利于铁的作用发挥,当维生素 A 和铁同时添加时,两者有显著的互作增强效果。

3.锌

锌是维持人类和动物健康的重要微量元素之一,它是 80 余种酶的组成成分,参与蛋白、核酸和激素的合成。锌直接影响人的生长发育、生殖、免疫系统和多种物质的代谢。当锌缺乏时,儿童表现为厌食、偏食,老年人则免疫力下降、体弱多病。植物性食品中的锌吸收率和利用率都很差,谷物食品中含 6-磷酸肌醇较多,易和锌形成不溶性复合物,阻碍锌的吸收。鸡蛋中的锌属于有机锌,生物活性大,吸收率和利用率比无机锌制剂高,而且适口性好,儿童尤其喜欢吃,因此,富锌蛋是一种集医疗保健、高营养为一体的良好食品。

锌在鸡蛋中有累积效应,研究表明,饲喂高锌饲料 1 周后,鸡蛋中的锌含量显著提高,第 2 周达到高峰,随后稍有下降,3 周左右保持稳定。由于蛋鸡体内储存的锌含量较为稳定,饲料中添加低剂量的锌对鸡蛋中锌

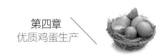

含量影响不大。当饲料中添加400~800毫克/千克的锌时,可显著提高鸡蛋中锌的含量(17.49~22微克/克)。

二 ω-3多不饱和脂肪酸

ω-3多不饱和脂肪酸也叫n-3脂肪酸,是生物细胞膜的重要组成成分,而且在生物体内有着十分重要的生理功能。ω-3多不饱和脂肪酸主要包括α-亚麻酸、二十碳五烯酸、二十二碳六烯酸和二十二碳五烯酸等。研究表明,多不饱和脂肪酸易于向鸡蛋中富集。给蛋鸡饲喂来源于亚麻或双低油菜籽(Canola油菜籽)的α-亚麻酸,可以强化蛋黄中的n-3脂肪酸,提高鸡蛋中n-3和n-6脂肪酸的比例。蛋鸡采食高水平α-亚麻酸饲料时,蛋黄中沉积的主要是α-亚麻酸,蛋黄的磷脂部分也会沉积相当数量的长链n-3多不饱和脂肪酸(如二十碳五烯酸、二十二碳五烯酸和二十二碳六烯酸)等。用于强化鸡蛋n-3脂肪酸的主要原料还有鱼油、油菜籽、白苏籽、白苏籽油、亚麻仁油等。研究表明,富集至蛋黄中的α-亚麻酸、二十二碳六烯酸因保存和烹调造成的损失几乎没有。因此,禽蛋是使不稳定的ω-3多不饱和脂肪酸得到稳定保存的良好介质。

三 维生素

饲粮中维生素水平对鸡蛋中维生素含量影响极大。维生素由饲料中向蛋中转移的效率依次为维生素A(60%~80%)>维生素B_2、泛酸、生物素、维生素B_{12}(40%~50%)>维生素D_3、维生素E(15%~25%)>维生素K、维生素B_1、叶酸(5%~10%)。研究表明,当饲料中维生素单独添加水平为0~400毫克/千克时,蛋黄中维生素E、β-胡萝卜素和维生素A的含量线性增加;同时添加维生素E和β-胡萝卜素时,蛋黄中β-胡萝卜素含量呈线性增加,而维生素E含量却不像单独添加那样增加,说明β-胡萝卜素和维生素E的富集存在着某种影响。

▶ 第三节 鸡蛋蛋重的影响因素和调控技术

蛋重是鲜蛋质量分级的重要指标,在正常的蛋重范围内,蛋重越大其分类等级越高。蛋重受多种因素影响,并可通过一定的饲养管理手段进行调节。影响蛋重的因素主要有以下几方面。

一 生理因素

1.品种

蛋鸡品种不同,所产鸡蛋重量存在着差异。褐壳鸡蛋平均重量 63.5 克,白壳鸡蛋平均重量 61.9 克,地方鸡蛋重量多为 45~55 克。

2.开产体重

蛋鸡开产体重对早期蛋重有很大影响,因此在蛋鸡开产前的饲养管理中一定要注意使蛋鸡的开产体重达到品种标准。如果开产体重过轻,则所产鸡蛋较小;体重过大,则所产鸡蛋较重。但是要注意不可过分追求较大的开产体重,应以标准开产体重为参考。如果母鸡开产体重过大,可能是营养过剩,体内脂肪沉积太多,反而会导致产蛋困难,降低产蛋率。

3.开产日龄

蛋鸡开产日龄也会直接影响鸡蛋的大小,通常开产日龄越晚的鸡所产鸡蛋越大。为了防止产蛋鸡开产过早而产出小蛋,可以利用光照时间对母鸡性成熟的影响来推迟母鸡性成熟时间,延迟开产日龄。例如密闭式鸡舍完全采用人工光照时,为了推迟母鸡性成熟时间,可在 120 日龄前维持 8 小时光照,以后每周延长光照时间 0.5~1 小时至 16 小时保持恒定。

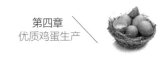

4.产蛋周龄

不同周龄蛋鸡所产蛋重也有所不同,通常初产蛋鸡的蛋较小,随着产蛋周龄的增加而蛋重逐渐变大,产蛋高峰期蛋重变化较小,产蛋后期蛋重增加。因此,控制不同产蛋期蛋重的均匀性也是蛋鸡育种公司的重要育种目标之一。

二 营养因素

1.水

足量的饮水供应是维持鸡群正常产蛋率和鸡蛋大小的重要保障。鸡蛋中水分含量为65%~70%,水是鸡蛋中含量最多的物质,每生产一个鸡蛋需要340毫升水。饮水量的变化会对蛋重和产蛋率产生重要影响,特别是产蛋高峰期或环境温度较高时,充足的饮水更是不可或缺的。若长期饮水不足或断水时间较长,对鸡群造成的应激会导致产蛋率和蛋重下降,往往需要很长时间的恢复期。

2.能量

家禽的采食特点是为"能"而食,蛋鸡的采食量随饲料中能量含量的高低而变化。母鸡产蛋需要消耗大量的营养物质和能量,当饲料中能量过低时,即使母鸡采食较多的饲料,但是仍然难以满足自身维持需要以及产蛋需要,因此会导致鸡蛋变小。开产前2~3周到高峰期,增加能量供给可提高蛋重,日粮能量每变化100千卡可引起0.5%或0.3克的蛋重变化。当饲料中蛋白质含量一定时,适当提高日粮的能量,可改善产蛋量和蛋重。

3.蛋白质

蛋重不但受饲料中能量水平的影响,还受日粮中蛋白质和氨基酸水平的影响。蛋白质约占鸡蛋干物质重量的50%,蛋黄和蛋清的形成都受

饲料中蛋白质含量的影响。而且饲料中的蛋白质可为鸡体所需的必需氨基酸和非必需氨基酸的合成提供氮源,保证机体蛋白质的合成,增加鸡蛋中蛋白质重量。蛋鸡的不同产蛋阶段对蛋白质的需要量不同,影响程度也就不同。蛋鸡饲料中的蛋白质水平对产蛋早期的蛋重影响较小,而对以后的蛋重影响较大。当日粮中的蛋白质水平从12%升高到17%时,每升高1%,蛋重就增加1.2克,但是超过这一范围蛋重的增加则不明显。此外,日粮中氨基酸水平如蛋氨酸、赖氨酸的含量对蛋重的影响也较大,随着日粮中蛋氨酸含量的增加,蛋重随之上升,但是也要注意蛋氨酸和能量的比例关系是否适宜。有人用13%的蛋白质日粮,添加蛋氨酸和赖氨酸,对维持蛋重和产蛋量的效果,相当于含15%~18%蛋白质的日粮。需要注意的是,蛋鸡日粮配制时要保持适宜的能蛋比,不可一味增加蛋白质水平,避免高蛋白日粮带来的副作用。

4.脂类

脂类在蛋鸡饲粮中主要起到供能作用。此外,脂类中部分脂肪酸可直接或间接作用于蛋鸡体内雌激素,而雌激素和蛋白的分泌有关,蛋鸡饲粮中添加脂类可显著增加蛋重。研究表明,蛋鸡饲料中添加植物油脂比动物油脂对蛋重影响效果显著,添加复合油脂较添加单一油脂蛋重增加显著。添加亚油酸可提高蛋重,在不降低产蛋率的前提下添加亚油酸是控制蛋重的有效方法。亚油酸是蛋鸡生产的必需脂肪酸,可提高蛋鸡肝脏脂蛋白脂酶的活性,对卵母细胞的发育起到促进作用,且蛋鸡自身无法合成,需从饲粮中摄取。当蛋鸡饲料中亚油酸比例提高到2.83%时,蛋重达到59.6克;如果所产的鸡蛋过大,只要在饲料中添加0.5%牛磺酸就可以使蛋重减轻1克。需要注意的是,饲料中亚油酸的主要来源是植物油,因此黄玉米是大多数日粮中亚油酸的主要来源;以小麦、大麦为主的谷物来源的日粮,其亚油酸含量可能低于最适水平,可以通过额外添加

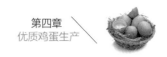

亚油酸提高蛋重。

5.钙

蛋壳是鸡蛋的重要组成部分,对鸡蛋起着固定并保护内容物的作用。蛋壳的主要成分是碳酸钙,蛋壳重量约占总蛋重的 10%,因此,饲料中钙含量对蛋壳质量有直接影响。

三 饲养管理因素

1.饲养方式和密度

不同饲养方式对鸡蛋的蛋重也有一定的影响。研究表明,在相同条件下笼养鸡蛋比地面平养鸡蛋重;在合理的饲养密度范围内,高密度笼养蛋鸡产的鸡蛋比低密度笼养蛋鸡产的蛋重,这可能是与蛋鸡摄入的营养消耗有关,平养或低密度笼养蛋鸡活动量较大,用于自身消耗的营养较多,因而所产蛋重稍小。

2.季节和气温

不同季节和气温也对蛋重有影响,尤其是非密闭式鸡舍受外界环境的影响更大。不同季节自然光照时间不同,如果光照制度不合理,会提前或推迟鸡群性成熟时间,进而会影响开产蛋重。通常,春季开产母鸡比秋季开产母鸡产蛋率高但是蛋重较小;夏季育成鸡体重小,开产体重小,蛋重也较小。

蛋鸡产蛋的适宜温度为 13~23 ℃,气温过高或过低都会影响蛋重。一般情况下,当舍内温度低于 16 ℃时,蛋重开始增大,但饲料利用率开始下降;当舍内温度在 20 ℃以上时,鸡舍温度每升高 1 ℃,蛋鸡产蛋率约下降 1.5%,蛋重约减轻 0.3 克;当鸡舍温度超过 30 ℃,舍温越高、持续时间越长,蛋重降低得越厉害。

3.风速

风速对鸡蛋大小也有一定的影响。研究表明,在高温时加大风速,可缓解高温带来的不利影响,如从 0.1 米/秒增至 0.3 米/秒,蛋重增加 5%。若在低温时,如 2.4 ℃时风速由 0.25 米/秒增至 0.5 米/秒,蛋重下降 3 克,产蛋率下降 16%。

▶ 第四节 鸡蛋气味的影响因素和调控技术

评价蛋品质的指标有多种,其中鸡蛋气味也是影响鸡蛋品质的指标之一。在蛋鸡生产中,鸡蛋异味可能来源于饲料营养、遗传、储存等条件的变化,进而影响消费者的口感和满意度。

关于鸡蛋风味的描述,报道的有鲜鸡蛋味、陈鸡蛋味、鱼腥味、臭鸡蛋味、大蒜味、洋葱味、水果味、金属味、酸味、辣味、硫黄味等。目前已检测到鸡蛋中的风味物质主要有醇、脂肪烃、醛、酮、芳香族、呋喃、硫化物、萜类等 8 类物质。鸡蛋气味是一个综合性指标,难以准确度量和统一评价,而且影响鸡蛋气味的因素很多,也很复杂。对风味的描述和评价涉及评价者生理、心理、嗜好、耐受度等主观因素,不同的评价者评价结果差异较大。除遗传和储存因素外,蛋鸡饲料的组成对鸡蛋气味也有重要而直接的影响。改变蛋鸡日粮的组成结构,可致鸡蛋中风味前体物质含量及组成发生变化,所呈现风味也有所不同。因此,在配制日粮时,要尽量不用或少用一些可能对鸡蛋风味产生不利影响的饲料原料。

一 动物源饲料

蛋鸡饲料中常用的可能导致鸡蛋产生异味的动物源饲料成分主要是鱼粉和鱼油。其主要原因是鱼粉中含有的氧化三甲胺可代谢为三甲胺沉

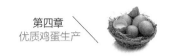

积于鸡蛋中产生异味;另一个原因是鱼粉或鱼油中 ω-3 多不饱和脂肪酸的氧化产物再次氧化或分解,产生短链醛、酮类产物,破坏鸡蛋风味。日粮中鱼粉或鱼油的含量不宜超过 1.5%~2%,尤其是品质较差的蛋鸡更要慎用。

二 植物源饲料

植物源饲料中菜籽饼粕最容易诱发鸡蛋产生鱼腥味,这是由于菜籽饼粕中的芥子碱是三甲胺的前体物。研究表明,蛋鸡日粮中添加 3% 的菜籽粕就能导致鸡蛋产生鱼腥味;10% 的各类菜籽粕均可导致鸡蛋产生鱼腥味;双低菜籽饼粕不产生鱼腥味鸡蛋的最大添加量为 4%~7%。

除菜籽饼粕外,一些富含 ω-3 多不饱和脂肪酸的植物及其籽实,如大麻籽、亚麻籽、微藻等,在饲喂蛋鸡生产 ω-3 多不饱和脂肪酸富集鸡蛋的同时,可能会影响鸡蛋的气味。研究表明,少量添加这些饲料原料对鸡蛋的气味无明显影响,大量添加时(10%~20%)会对鸡蛋的风味和口感产生影响。

三 鸡蛋异味消除技术

造成鸡蛋产生异味的主要原因是饲料原料成分发生氧化代谢生成一些易产生异味的物质沉积于鸡蛋中,或是鸡蛋在储存过程中氧化、酸败产生异味。棉籽饼等饲料具有较高的含油率,在鸡蛋存储过程中容易发生氧化、腐败,从而导致鸡蛋出现臭味和怪味。另外,棉籽饼中含有棉酚,适口性差,而且使得蛋白蛋黄易氧化变色。因此在蛋鸡日粮中添加适量的抗氧化剂,如维生素 C、维生素 E 等,可防止日粮中脂肪酸氧化产生异味。

为了充分利用各类饼粕,可采用微生物发酵处理后的棉籽饼、菜籽饼配制饲料。棉籽饼和菜籽饼中的大分子蛋白质和抗营养物质经过微生物

发酵后充分降解,不仅提高了适口性,还能够解决棉籽饼中棉酚含量高的问题,减少鸡蛋中的异味。

在饲料中添加一些植物或植物提取物(如牛至、百里香、姜黄和迷迭香等)也能显著提高鸡蛋的氧化稳定性,改善鸡蛋风味。研究表明,在蛋鸡日粮中添加 1%牛至、1%迷迭香或 0.5%~1.0%姜黄,能显著降低蛋黄丙二醛含量,改善鸡蛋风味。姜黄通过提高抗氧化酶活性降低蛋黄过氧化值,而迷迭香提取物(尾鼠草酸)则可以减慢鸡蛋的脂肪氧化速度,提高鸡蛋的感官品质。将迷迭香提取物添加于富含 ω-3 多不饱和脂肪酸的饲粮中,能够消除由于不饱和脂肪酸氧化对鸡蛋产生的不良影响。

第五章　蛋鸡常见疾病防治

近年来,我国蛋鸡养殖转型升级加快,但疫病仍然是困扰蛋鸡产业健康发展的重要因素。蛋鸡疾病防治贯穿整个饲养阶段,科学的预防和治疗措施不但是蛋鸡健康养殖的保证,而且与蛋鸡养殖的经济效益密切相关。本章介绍了蛋鸡免疫技术、蛋鸡保健技术和常见疾病的防治技术。

▶ 第一节　蛋鸡免疫技术

免疫是蛋鸡疫病防控的重要手段。蛋鸡免疫使用的疫苗主要是活疫苗和灭活疫苗,要严格按照要求进行运输和保存。对蛋鸡进行免疫接种时,要根据当地疾病流行情况,制定科学的免疫程序,做好免疫准备工作,并根据疫苗种类,采取适宜的免疫方法,做好蛋鸡免疫工作,防止疫病发生。

一 疫苗保存和使用

疫苗是用来预防动物传染病的一种特殊生物药品,是预防畜禽传染病的有效措施。疫苗是病原微生物经过繁殖以及一系列处理之后制备的免疫原性非常理想的药物制品,将动物疫苗接种到动物机体,可以刺激动物机体产生特异性抗体,进而达到抵抗病原微生物侵袭和感染的作用。

1.疫苗分类

疫苗可以分为常规疫苗和生物技术疫苗。常规疫苗应用最为广泛,包括活疫苗、灭活疫苗、代谢产物疫苗和亚单位疫苗。生物技术疫苗包括基因重组工程亚单位疫苗、基因缺失疫苗和合成肽疫苗。

实际蛋鸡生产中使用最多的是活疫苗和灭活疫苗,如新城疫弱毒活疫苗、新城疫 – 传染性支气管炎二联弱毒活疫苗、禽流感灭活疫苗等。活疫苗的优点是免疫剂量少,弱毒株在机体内繁殖而产生大量抗原,能刺激机体局部免疫器官产生良好的局部黏膜免疫,但存在毒株返强的潜在风险。灭活疫苗是将微生物灭活后与免疫佐剂混合的一类疫苗,注射免疫后可在注射部位形成抗原库缓慢释放抗原,诱导机体产生体液免疫力。灭活疫苗无排毒散毒、污染环境的风险,使用安全,但灭活疫苗无法诱导机体产生细胞免疫和局部黏膜免疫。

2.疫苗保存和运输

疫苗采购需要按照国家相关规定,从具有相应生产资质的动物疫苗生产厂家购买,选购的疫苗应具有生产批准文号。采购疫苗时需要注意疫苗的保质期限,疫苗应在保质期内使用。

动物疫苗的保存和运输要求非常严格,一般情况下,活疫苗保存的温度应低于 –15 ℃,灭活苗存储条件为 2~8 ℃。当然,也有一些疫苗要求特殊的保存方式,如鸡马立克活疫苗(细胞培养株)是需要液氮保存的,因此在购买和保存疫苗时应根据疫苗生产厂商的要求进行保存。在疫苗的贮存过程中,温度要保持稳定,千万不能忽高忽低,使疫苗反复冻融。疫苗运输过程中,需要选择冷链运输系统,保证制冷系统正常工作的同时,将疫苗放入冷藏车。如果条件有限,也可以准备保温箱,在保温箱中放置一定数量的冰袋进行暂时存储和运输。

二 免疫方法

1.免疫前准备

（1）鸡群。在疫苗接种的前两天，对需要接种疫苗的鸡群进行健康评估，确定鸡群健康后才能安排接种疫苗。在接种疫苗前2天，开始在饮水或饲料中添加多种维生素添加剂，连用5天，减少疫苗免疫的应激。

（2）疫苗。疫苗使用前，应仔细检查疫苗外包装、颜色、批号、有效期，以及是否存在固体结晶状、变色、分层等现象，如果存在上述现象，必须及时处理。

疫苗使用时需要详细阅读使用说明书，对疫苗性状、性能、用量、用途、稀释量、不良反应、使用方法、注意事项等详细掌握，并严格执行。冻干活疫苗一般需要使用专用的稀释液稀释后使用；灭活疫苗需要从冷藏柜取出，恢复室温后使用。疫苗需要从存储冰柜取出之后立即装入防疫包或专用疫苗箱中，不能接触高温或被阳光直射。

（3）免疫器械和人员。提前准备好足够的免疫器械，免疫器械必须进行清洗消毒。免疫鸡群较大时应安排好足够的人员，一种疫苗的免疫接种最好集中在一天内完成。

2.免疫方法

（1）点眼、滴鼻免疫。雏鸡多采用点眼、滴鼻等方式免疫。按照疫苗说明书要求，选用相应的疫苗稀释液，按照疫苗瓶签注明的羽份稀释疫苗。接种时最好使用专用的疫苗接种滴瓶，尽量控制液滴的大小一致。在操作时，必须等疫苗液完全被吸入眼睛或鼻腔后再放开鸡，一旦发现疫苗外溢，流出眼睛或鼻孔外，一定要补滴，保证每只鸡都能吸入足量的疫苗液。

（2）饮水免疫。饮水免疫多用于蛋鸡加强免疫，该方法简单易行，可减

少鸡群的应激反应。饮水免疫用水的水质要接近中性,水中不含氯离子、金属离子和消毒药剂等,最好是凉开水,应选用塑料制品或陶瓷制品等器具做饮水器,禁用金属饮水器。

饮水免疫前要计算好疫苗和饮水量,每只鸡饮足水而又无剩余水。育雏育成鸡一般按照 1~2 周龄 8~10 毫升/只、3~4 周龄 15~20 毫升/只、5~6 周龄 20~30 毫升/只、7~8 周龄 30~40 毫升/只、9~10 周龄 40~50 毫升/只计算。成年鸡可按全天饮水量的 30%~40% 计算。最好控制在 1~2 小时内能将含疫苗的水全部饮完。

为了保证饮水免疫效果,要注意控水时间,饮水免疫之前,让鸡停水 2~5 小时。一般夏季应控水 2~3 小时,冬季控水 4~5 小时,使鸡处于口渴状态,可以使含有疫苗的饮水以最短的时间饮入鸡的体内。

(3)注射免疫。注射免疫分为皮下注射和肌肉注射,皮下注射应选颈背部皮下;肌肉注射可选择翅根肌肉丰满处、胸部肌肉或腿部肌肉,但一般不建议采用腿部肌肉注射,如操作不当易造成鸡只瘸腿。

注射免疫应采用连续注射器,在注射前和注射过程中,吸取疫苗液时,应经常摇晃疫苗瓶,使其混合均匀。当鸡群中发生传染病,需要进行紧急接种时,必须 1 只鸡使用 1 个针头,以防互相传染。

(4)刺种免疫。刺种免疫常用于鸡痘疫苗的免疫,免疫时应采用专用刺种针蘸取稀释好的疫苗液,在鸡翅膀内侧无血管处皮下刺种。每刺 1 次都要蘸取疫苗液。刺种后 3~5 天应检查刺种免疫效果,如发现刺种部位出现轻微红肿、水疱或结痂,表示接种成功,否则提示免疫失败,应及时补刺 1 次。

(5)气雾免疫。气雾免疫主要用于呼吸道疾病的免疫,将疫苗按要求稀释后,采用特制的喷雾器对鸡群进行喷雾,使鸡在呼吸时吸进疫苗,从而达到免疫目的。气雾免疫的效果和气雾粒子直径大小有直接关系,一般 8 周龄以内的雏鸡,应该控制雾滴在 80 微米以上,8 周龄以上的青年鸡,雾滴大小以 30~40 微米为宜。该方法免疫时在鸡背上方 1 米左右平行喷雾,气雾粒子在空气中缓慢降落,不宜直接喷向鸡身上。免疫时应将门窗关严,停止使用抽风机,喷雾 20 分钟后方可开窗。喷雾前尽量减少鸡舍灰尘,并应减少应激。保持鸡舍适宜温湿度,一般以鸡舍温度为 18~24 ℃、相对湿度为 65%为宜。

三 参考免疫程序

不同地区蛋鸡场应根据本地或本场疫病流行情况制定科学的免疫程序,除此之外,应通过血清抗体的检测和监测判断免疫接种的效果和疫苗的补免。蛋鸡(种鸡)在鸡群开产前宜完成所有疫苗的免疫,使鸡群获得全面的免疫保护,在产蛋期定期或根据抗体水平监测适时加强新城疫(新城疫-传染性支气管炎)和禽流感的疫苗免疫。蛋鸡(种鸡)参考免疫程序见表 5-1。

表 5-1　蛋鸡(种鸡)参考免疫程序

日龄/天	疫苗种类	免疫方法	剂量	备注
1	马立克疫苗	颈部皮下注射	1 羽份	建议选用含 CVI988 毒株的液氮苗
5~7	新城疫-传染性支气管炎二联活疫苗	点眼、滴鼻	1 羽份	建议新城疫选用基因 I 型疫苗株,传染性支气管炎疫苗含有 QX 毒株
	新城疫-传染性支气管炎-禽流感 H9 三联油苗	颈部皮下注射	0.3 毫升	
13	传染性法氏囊冻干活疫苗	点眼、滴口	1 羽份	
20	喉痘冻干活疫苗	皮下刺种	1 羽份	喉痘免疫根据疾病流行情况而定
	禽流感 H5＋H7 二联灭活苗	颈部皮下或肌肉注射	0.3 毫升	
28	新城疫-传染性支气管炎二联活疫苗	饮水	2 羽份	根据疾病流行情况而定

续表

日龄/天	疫苗种类	免疫方法	剂量	备注
35	传染性法氏囊冻干活疫苗	饮水	2 羽份	根据疾病流行情况而定
45	新城疫-传染性支气管炎二联活疫苗	饮水	2 羽份	根据疾病流行情况而定
	新城疫-传染性支气管炎-禽流感 H9 三联油苗	肌肉注射	0.5 毫升	
55	禽流感 H5＋H7二联灭活苗	肌肉注射	0.5 毫升	
65	喉痘冻干活疫苗	翅膀刺种	1 羽份	根据疾病流行情况而定
	传染性鼻炎油苗	肌肉注射	0.5 毫升	
110	禽流感 H5＋H7 二联油苗	肌肉注射	0.5 毫升	
	禽流感 H9 亚型油苗	肌肉注射	0.5 毫升	
120	新城疫-传染性支气管炎-减蛋综合征三联油苗	肌肉注射	0.5 毫升	建议新城疫选用基因 I 型疫苗株,传染性支气管炎疫苗含有 QX 毒株
	新城疫-传染性支气管炎二联冻干活疫苗	饮水	2 羽份	

注:在蛋鸡(种鸡)产蛋期每 2～3 个月加强一次新城疫四系弱毒活疫苗或新城疫-传染性支气管炎二联弱毒疫苗,2～3 倍量饮水免疫;禽流感油苗每 4 个月加强免疫一次;有条件的鸡场可以根据鸡群血清抗体水平监测结果适时加强免疫。

▶ 第二节　蛋鸡常规保健技术

鸡群保健的目的是要针对鸡群不同生理阶段的特点和易感因素,结合蛋鸡生产的工艺流程进行危害分析,寻求关键控制点,采用科学的保健方法,达到减少鸡群应激和疫病风险,增强鸡群抵抗力的效果。

一　蛋鸡育雏期保健

蛋鸡育雏期要重点做好肠道细菌感染、呼吸道病、球虫病等疾病的预防,同时,要注意缓解因断喙、转群、疫苗接种、环境变化等因素产生的应激。

1.雏鸡开口保健

目前雏鸡开口药仍在很多鸡场使用,如鸡场确实存在鸡沙门菌、大肠杆菌等病原微生物的危害,则可以使用广谱抗生素(多西环素、环丙沙星等)进行饮水保健预防,以减少死淘率。但是研究发现,开口药的使用可能对雏鸡生长发育带来不利影响,因此,在育雏环境条件和种源疫病净化较好的鸡场,不建议使用药物进行预防保健,而可以选用品质好的微生态(益生菌)、益生元等产品进行保健,改善雏鸡肠道微环境,提高雏鸡消化能力,帮助雏鸡尽快建立完善的肠道消化功能。

2.雏鸡呼吸道病预防保健

雏鸡易受到鸡支原体的侵害,可在 8~30 日龄进行两个疗程的抗支原体保健。可选用泰乐菌素、替米考星或泰妙菌素进行预防量的拌料或饮水,具体按说明书要求使用。每个疗程 3~5 天,中间间隔 5~10 天。

3.球虫病预防保健

雏鸡在 15~60 日龄容易发生球虫病,尤其是地面平养育雏时,需要在此阶段进行球虫病的预防。可选用高效抗球虫药物(盐酸氨丙啉、盐霉素钠、妥曲珠利、磺胺氯吡嗪钠等)进行 2~3 个疗程的预防用药,每个疗程2~3 天,中间间隔 10~15 天,网上育雏或笼养育雏可适当减少预防用药的次数。

4.雏鸡防应激保健

雏鸡对外界刺激和环境变化非常敏感,断喙、转群、疫苗接种或环境突然变化等均可造成鸡群应激,可在上述应激发生前后在饲料或饮水中添加多种维生素复合添加剂进行保健,以减少鸡群应激。

二 蛋鸡育成期保健

蛋鸡育成期保健相对简单,防应激保健和育雏期相似。除此之外,可根据鸡群实际需要采用微生态试剂、有机酸制剂、益生元、植物提取物等对鸡群进行保健,这一时期保健的主要目的是增强肠道消化吸收和预防肠道细菌感染,增强青年鸡体质。

三 蛋鸡产蛋期保健

在蛋鸡生产中,产蛋期是最重要时期,而往往这个时期最容易出问题。在开产期和产蛋上升期,母鸡生理机能发生了较大改变,在产蛋高峰期蛋鸡消耗大量蛋白质,母鸡抗应激的能力降低,易发生输卵管炎、脱肛和腹膜炎等。因此,在蛋鸡产蛋期可适当采用具有抗菌活性的中药制剂或植物提取物进行保健。如果鸡群死淘率较高时,可考虑使用阿莫西林、头孢噻呋等对产蛋影响较小的药物进行预防保健,但需要严格执行弃蛋期管理要求。

在产蛋高峰期蛋鸡营养消耗较快,鸡群抗病和抗应激能力下降,机体营养需求会增加,生殖道由于高频率的产蛋也会造成损伤。除此之外,蛋鸡采食量增大,给肠道和肝肾等消化代谢器官带来压力。在此阶段可以选用提高母鸡生殖道健康的保健制剂、维护肠道健康和稳态的微生态制剂(益生菌、益生元等)以及保肝护肾复合制剂对鸡群进行保健,具体的保健方案应根据鸡场的实际情况进行制定。由于较为频繁地使用保健药物,水线很容易形成生物膜堵塞水线管道和乳头,应注意定期进行水线清洗和消毒。

第三节　蛋鸡常见疾病诊治

蛋鸡常见疾病有鸡新城疫、禽流感、鸡传染性法氏囊炎、传染性支气管炎、鸡传染性喉气管炎、鸡痘、鸡白血病、鸡支原体病、鸡大肠杆菌病、鸡沙门菌病和鸡传染性鼻炎等，在蛋鸡饲养管理上，应根据疾病的流行病学、临床症状和病理变化等特点，做好上述疾病的诊断、预防和治疗工作。

一　鸡新城疫

鸡新城疫又称亚洲鸡瘟，是一种由鸡新城疫病毒引起的急性、热性、高度接触性传染病。本病的主要特征是呼吸困难、严重下痢、全身黏膜和浆膜出血、产蛋率严重下降，病程稍长的病例可出现神经症状。

1.流行病学

在所有易感禽类中鸡最易感。各种日龄的鸡对鸡新城疫均易感，高发期为 30~50 日龄，但 10 日龄内的雏鸡较少发病，老鸡对本病也有一定的耐受性。本病的传播途径主要是通过病鸡和健康鸡的直接接触或通过人、物（如鞋子、鸡笼以及其他用具等）媒介间接接触而传播。病毒的感染途径是通过鸡的呼吸道和消化道。本病一年四季均可发生，但以冬春寒冷季节多发。目前，国内引起新城疫发病的优势基因型是基因Ⅶ型毒株。近年来非典型新城疫仍然多发，表现为病理变化不明显，发病率和死亡率为 10%~15%。

2.临床症状

本病潜伏期一般为 3~5 天。根据病程长短大致可分为急性、慢性和非典型性 3 种类型。

(1)急性病例。病鸡体温上升到 43 ℃以上,鸡精神委顿,吃料减少或废绝,垂头缩颈,病鸡冠和肉髯呈紫红色,排黄绿色稀粪。张口呼吸,嗉囊内积液隆起膨胀,倒提时会从口角流出大量臭酸味的黏液,并发出"咯咯"的喘叫声,还经常见到摆头和吞咽动作。病程 2~8 天,死亡率较高,在非免疫鸡群死亡率可达 90%以上。雏鸡发病病程短,死亡快;产蛋鸡产蛋突然下降或停止,产畸形蛋、软壳蛋,病愈后很难恢复到原有产蛋水平,死亡高峰过后,鸡群中常出现有神经症状的病鸡,表现为头颈扭曲、角弓反张、腿麻痹和运动障碍。

(2)慢性病例。多见于急性流行后期的鸡群或免疫效果参差不齐的鸡群(特别是产蛋鸡)。在临床上以神经症状和产蛋率下降最为常见。以神经症状为主的慢性病例,表现为双翅和腿麻痹、站立不稳、头颈向后或向一侧扭曲等神经症状,且可呈现症状反复无常(如图 5-1)。病程可持续 2~3 周,死亡率较低。以产蛋率下降为主的慢性病例,表现为产蛋急剧下降,蛋壳变白,死淘率不规律地增加。

(3)非典型性病例。近几年,在免疫鸡群中常发生非典型性新城疫,其症状因日龄不同而有程度上的差异。雏鸡首先表现为呼吸道症状,鸡群有明显的呼吸音,个别呈现呼吸困难,不久即有以神经症状为主的病鸡

图 5-1 病鸡表现神经症状(双腿麻痹、无法站立)

出现。病鸡食欲减退、下痢,发病后 2~3 天,死亡率增加,大约在 7 天后开始下降。当鸡群好转后仍有神经症状的鸡出现,并可延续 1~2 周,死亡率 15%~25%。成年鸡的症状较轻微,可表现为呼吸道症状和神经症状,产蛋量明显下降,软壳蛋多,少数病鸡死亡。有的成年鸡群发病后唯一的表现就是产蛋量突然下降,软壳蛋增多,经 2 周左右,产蛋量开始回升。

3.病理变化

病鸡全身黏膜和浆膜出血明显。口腔和咽喉黏液较多,嗉囊内充满酸臭味的液体。腺胃黏膜和乳头尖有不同程度的出血,在腺胃和食管或腺胃和肌胃的交界处常有条状或不规则的出血斑(如图 5-2),肌胃角质层下也常有出血。整个小肠和大肠充血、出血明显。十二指肠段还可见到枣状坏死溃疡灶,在肠外壁表面可清晰地看到隆起的黑红色斑块,盲肠扁桃体肿大、出血、坏死。气管喉头内积有大量黏液,气管黏膜和气管环充血、出血。

非典型性新城疫病理变化不典型,仔细观察可能有卡他性肠炎,常见

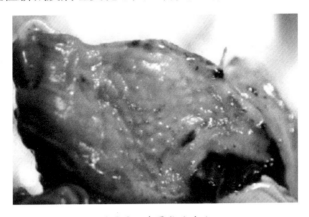

图 5-2　腺胃乳头出血

继发感染的病变,如气囊炎等。

4.诊断

（1）临床诊断。根据本病的流行特点、临床症状以及特征性病变可做出初步诊断，确诊需要进行实验室诊断。

（2）实验室诊断。①病毒分离鉴定。取病死鸡的呼吸道分泌物、肝脏、脾脏、肺脏、脑等组织，研磨后用磷酸盐缓冲液制成悬液，8 000 转/分钟，离心 5 分钟后取上清，每毫升加青链霉素各 1 000 单位，采用 0.22 微米滤器过滤后接种于 10~12 日龄的鸡胚尿囊腔内，每枚鸡胚接种 0.1~0.2 毫升。放入孵化箱继续孵化，每天观察，收集接种 24 小时后死亡的鸡胚。观察鸡胚是否有出血，收集尿囊液进行血凝试验和血凝抑制试验，若尿囊液具有红细胞血凝性，以及能够被已知抗新城疫血清所抑制，即可确诊鸡新城疫。

②病毒核酸检测。采用商品化试剂盒提取病鸡组织 RNA，通过反转录聚合酶链式反应（RT-PCR）或实时荧光 RT-PCR 反应，扩增特异性病毒核酸片段，结果出现特异性条带或扩增曲线，即可判定为鸡新城疫核酸阳性。

③荧光抗体检测。取病死鸡的肺脏、肝脏、肾脏等组织，切片进行荧光抗体染色，在荧光显微镜下见到切片有明显的黄绿色荧光，即可确诊鸡新城疫。

5.预防

认真贯彻落实传染病预防的通用准则、加强卫生管理和免疫接种是预防鸡新城疫的关键。

（1）疫苗免疫。通过疫苗接种，能够增强蛋鸡的特异性抵抗力，以达到预防新城疫的目的。目前常用的疫苗包括弱毒活疫苗和灭活疫苗两类，其中活疫苗又分为Ⅰ系、Ⅱ系、Ⅲ系和Ⅳ系。鸡新城疫疫苗免疫程序因地域、鸡品种以及疫苗生产厂家的不同而有所差异。一般来说，蛋鸡（种鸡）

可在7~10日龄采用Ⅰ系或Ⅱ系弱毒苗和灭活油苗进行同时免疫,滴鼻、点眼或皮下注射;25日龄时用Ⅳ系进行二免,选用滴鼻、点眼、饮水或气雾;60日龄时用Ⅳ系进行三免,2~3倍量饮水免疫;在110~120日龄采用Ⅳ系或Ⅱ系的弱毒苗和灭活油苗进行四免。

(2)免疫监测。应定期对鸡群进行监测,了解疫苗的免疫效果。同时,可掌握鸡群免疫状态,为下一次免疫选择合适的免疫时间。按鸡群数0.5%~1%的比例抽检鸡群血清抗体,若鸡群新城疫抗体滴度低时,全群要及时补免。

6.治疗

鸡群一旦发生新城疫,应及时淘汰病鸡,并对受威胁鸡群和假定健康鸡群进行紧急性免疫接种,防止疫情扩大蔓延。对急性感染鸡群,早期可应用高免血清或高免卵黄液进行紧急被动免疫接种,每天1次,连续使用2~3次。对于免疫鸡群或假定健康鸡群选用大剂量(3~5倍)的新城疫Ⅳ系弱毒疫苗进行紧急性免疫接种,但紧急免疫后短期内可能造成鸡只死亡数量增多,因此要慎用。对于慢性或非典型性新城疫,采用抗病毒中药(黄连解毒散、清瘟败毒散)进行治疗有一定效果,同时,在饲料或饮水中添加抗应激和抗菌药物,以提高机体抗病能力,防止继发细菌感染。

二 禽流感

禽流感又称真性鸡瘟或欧洲鸡瘟,是由正黏病毒引起的一种急性、烈性传染病。

1.流行特点

所有禽类对禽流感病毒均易感,其中鸡的感染发病率要高于水禽。本病一年四季均可发生,但以冬春寒冷季节多发,同时在气候多变的季节

也容易发生。本病的传播途径包括接触传播和媒介传播(鸟、鼠、工具等),也存在气溶胶传播。

2.临床症状

(1)H5 亚型禽流感。潜伏期通常为 3~5 天。症状主要表现为病鸡体温升高到 42 ℃以上,精神沉郁,吃料正常或减少。个别肉髯水肿增厚,鸡冠呈紫红色,眼睑肿胀,流鼻涕。有些病死鸡的脚肿大、鳞片出血。临床上可出现不同程度的呼吸道症状。病程通常较短,疫情传播速度快,发病率和死亡率均可高达 100%。有些发病鸡场在没有明显病症时就突然出现大面积死亡。在规模化笼养蛋鸡场,本病的发生往往从鸡舍的某一角落先开始大面积死亡,然后向周围扩散,具有明显的传染扩散特征。产蛋鸡表现为产蛋率下降,产软壳蛋和白壳蛋增加,鸡群死亡数量迅速增加,用药物治疗无明显效果。

(2)H9 亚型禽流感。病鸡出现体温升高,精神沉郁,食欲减退,拉黄白色稀粪,个别蛋鸡眼睑、肉髯、鸡冠出现水肿。部分病鸡会出现单侧或双侧的脸部肿胀、流鼻涕和打喷嚏的症状。产蛋鸡产蛋量逐渐下降,蛋壳发白,并出现软壳蛋、畸形蛋,发病率 30%~50%,死亡率 5%~25%,病程持续10 天左右。

3.病理变化

(1)H5 亚型禽流感。最急性病例蛋鸡往往看不到明显病变,急性病例可见病鸡的头部和眼睑皮下水肿，全身皮肤、肌肉和脂肪有不同程度的出血(见图 5-3)。病鸡心肌可见条纹状坏死;腺胃乳头水肿出血,乳头中央有脓性分泌物,消化道及盲肠扁桃体有不同程度的

图 5-3　病鸡胸肌出血

出血;胰腺有白色坏死点;呼吸道出血,气管环充血、出血,有干酪样分泌物;部分病鸡脚部鳞片出血,产蛋鸡卵巢出血、坏死,卵黄掉落入腹腔形成卵黄性腹膜炎;输卵管水肿,内有白色黏稠分泌物。

(2)H9亚型禽流感。病鸡可见头部和肉髯皮下水肿,鼻腔内有大量黏性和干酪样分泌物。腺胃乳头有出血或脓性分泌物,胰腺有白色坏死点。喉头存在黏性分泌物,气管环出血,有的病例气管内有黏性或干酪样堵塞物。卵巢出血、充血,甚至变性萎缩。可见卵泡破裂造成的卵黄性腹膜炎,输卵管水肿,输卵管内部可见黏性分泌物、凝乳样凝块或软壳蛋。

4.诊断

(1)临床诊断。根据本病的流行特点、临床症状以及特征性病变可做出初步诊断,临床上应注意区分H5和H9亚型禽流感,H5亚型禽流感的死亡率高于H9亚型,同时部分病例出现脚部鳞片出血肿大等病症,而H9亚型无此类病症。H9亚型禽流感以及鸡传染性鼻炎和鸡支原体病有类似的症状,主要区别是鸡传染性鼻炎和鸡支原体病的传播速度相对较慢,鸡传染性鼻炎用磺胺类药物治疗效果较好;而鸡支原体病剖检常见气囊炎、心包炎或肝周炎等病症。

(2)病毒分离。禽流感病毒的分离需要在生物安全三级实验室内进行,具体操作方法和鸡新城疫病毒分离相同。

(3)血清学检测。检测鸡群发病初期和发病一段时间后血液禽流感抗体水平的变化,如发生本病,则发病后鸡群的血清抗体显著升高,并且抗体均匀度差,血清抗体检测对本病的诊断有重要意义。

(4)其他诊断方法。可采用胶体金试纸或RT-PCR检测试剂盒进行临床诊断。

5.预防

H5亚型禽流感和H7亚型禽流感是被我国列为强制免疫的疫病。目

前,生产上最常用的是 H5+H7 亚型禽流感二价灭活油苗。蛋鸡 15~20 日龄进行首免,颈部皮下注射 0.3 毫升;40~50 日龄进行二免,肌肉注射 0.5 毫升;110~120 日龄进行三免,肌肉注射 0.5 毫升。产蛋期每 4~5 个月加强免疫 1 次,或根据抗体水平监测情况适时加强免疫。现在,新城疫-禽流感 H5 亚型重组活疫苗已经上市,可用于 H5 亚型禽流感的免疫,具体免疫方法参照疫苗说明书。

H9 亚型禽流感疫苗包括单一的 H9 亚型禽流感灭活疫苗以及 H9 亚型禽流感和其他病毒疫苗株组成的联苗,如新城疫-传染性支气管炎-禽流感 H9 三联灭活油苗。蛋鸡 20~30 日龄进行首免,颈部皮下注射 0.3 毫升;40~50 日龄进行二免,肌肉注射 0.5 毫升;110~120 日龄三免,建议采用单一 H9 亚型禽流感灭活疫苗;产蛋期每 4~5 个月加强免疫 1 次,或根据抗体水平监测情况适时免疫。

6.疫情控制

鸡场发现疑似 H5 和 H7 亚型禽流感疫情时,应立即向当地兽医行政主管部门报告,并由当地政府做出对疫点进行封锁、扑杀、消毒等处理决定,同时对疫点周围 5 千米范围内的所有家禽进行禽流感疫苗的加强免疫。

H9 亚型禽流感属于低致病性禽流感,发生疫情时不需要采取扑杀措施,但需要依照家禽传染病处理原则进行隔离消毒,同时对病死鸡进行无害化处理,发病鸡群可采用抗病毒中药(荆防败毒散、清瘟败毒散)进行治疗,并在饮水或饲料中加入抗菌药物防止继发细菌感染。

（三）鸡传染性法氏囊炎

鸡传染性法氏囊炎是由鸡传染性法氏囊病毒引起的一种急性、高度接触性传染病。

1.流行特点

鸡对本病最易感,主要侵害 2~10 周龄的鸡,其中以 3~6 周龄的鸡最易感,成年鸡对本病有抵抗力,1~2 周龄的雏鸡较少发病。病鸡和带毒鸡是主要传染源,病毒通过直接或间接接触途径传播。本病一年四季均可发生,但以 5—7 月份发病较多。

2.临床症状

本病潜伏期一般为 3~5 天。发病鸡精神委顿,食欲减少或废绝,拉白色水样稀粪,污染肛门周围;发病率可高达 80%,发病 2~3 天后开始死亡,并迅速达到高峰,经 5~7 天后停止死亡,整个过程呈现"一过性"尖峰式死亡。康复鸡表现出不同程度的免疫抑制。

3.病理变化

病死鸡脱水严重,腿爪干燥。胸肌、腿肌、翼部肌肉出现大小不一的条纹状出血。腺胃和肌胃交界处有出血斑,脾脏肿大、表面有灰白色坏死灶。肾脏肿大、有尿酸盐沉积。法氏囊肿大 2~3 倍,呈灰白色或紫红色,切开囊腔可见黏稠样或干酪样分泌物(图 5-4),囊腔黏膜皱褶处有出血点或出血斑。

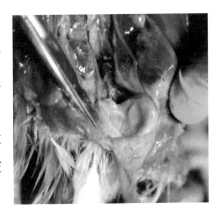

图 5-4　病鸡法氏囊肿大,内含分泌物

其中肌肉条纹状出血和法氏囊肿大出血为本病的特征性病变。

4.诊断

(1)临床诊断。从发病鸡的临床症状,"一过性"死亡规律以及剖检发现特征性的肌肉条纹状出血和法氏囊肿大出血可做出初步判断。

(2)实验室诊断。实验室诊断可采用病毒分离、琼脂扩散、RT-PCR、病毒中和试验以及酶联免疫吸附试验等方法。

5.预防

（1）疫苗免疫。疫苗免疫是预防本病的重要手段,目前,鸡传染性法氏囊疫苗有活疫苗和灭活疫苗两种。一般情况下,11~15日龄进行首免,弱毒活疫苗滴鼻、点眼;25~30日龄进行二免,2倍量饮水免疫;在开产前采用灭活疫苗再加强免疫1次。

（2）加强卫生消毒。不要从发过本病的种鸡场引进鸡苗或种蛋;必须引进时,要隔离观察20天以上,确认健康后方可合群。

严格控制人员、车辆进出和消毒。坚持"全进全出制",加强鸡舍消毒管理。

6.治疗

鸡群发生该病时, 可立即肌注鸡传染性法氏囊病的高免血清或高免卵黄抗体,具有很好的治疗效果,并在饮水或饲料中添加抗病毒和缓解肾脏肿大的药物(通肾药物),还可添加抗菌药物防止继发细菌感染。

（四）传染性支气管炎

鸡传染性支气管炎是由传染性支气管炎病毒引起的一种急性、高度接触性的呼吸道和生殖道传染病,对养鸡业危害较大。

1.流行特点

各日龄的鸡都可以感染发病,但6周龄以下雏鸡发病最为严重,有时育成鸡和产蛋鸡也可发病。本病一年四季均可发生,但以冬春季节多发。病死鸡和带毒鸡为主要传染源,病毒可通过飞沫、用具、饲料等进行传播。

2.临床症状

在临床上,鸡传染性支气管炎可表现为呼吸道型、肾型、腺胃型和生殖道型等多种临床表现形式。

（1）呼吸道型。常见于 40 日龄以下的雏鸡,鸡群发病突然,出现呼吸道症状,并迅速蔓延至全群。主要表现为张口呼吸、咳嗽、有气管啰音,夜间听得更清楚;精神沉郁、食欲减退,怕冷打堆;有时可见眼鼻肿胀、流泪、流鼻液等症状。

（2）肾型。多见于 20~40 日龄小鸡,鸡群常出现轻微呼吸道症状后,随即发生肾脏损伤。主要症状是排白色粪便,污染肛周,精神沉郁、食欲减退,机体脱水严重,鸡冠发白或颜色变暗。

（3）腺胃型。该类型病程较长,可持续 25~30 天,病鸡消瘦、龙骨突出明显,有呼吸道症状,同时拉黄白色稀粪,部分病鸡最终衰竭死亡,康复鸡后期生产性能明显下降。

（4）生殖道型。见于产蛋鸡和种鸡开产后,病鸡主要表现为精神委顿、腹部膨大、下垂,产蛋率下降 25%~50%,软壳蛋、畸形蛋、沙壳蛋增多,蛋清稀薄并且很容易和卵黄分离。发病后期产蛋率会缓慢回升,但很难恢复到正常水平。

3.病理变化

（1）呼吸道型。气管、支气管、鼻腔和鼻窦内有浆液性及黏液性渗出物,后期形成干酪样阻塞物。有时可见气囊浑浊或有干酪样渗出物。

（2）肾型。肾脏肿大、苍白,肾小管和输尿管充满尿酸盐结晶,形成"花斑肾"(如图 5-5),严重者输尿管增粗,管内有白色凝固物。个别病鸡可能在心包和腹腔脏器表面见到尿酸盐沉积。

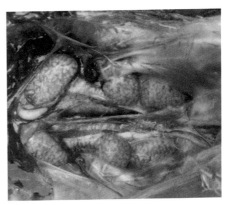

图 5-5 病鸡肾脏肿大、尿酸盐沉积,形成"花斑肾"

（3）腺胃型。腺胃肿大 2~

4倍,膨大如球,腺胃壁增厚,切开腺胃可见乳头出血或溃疡,腺胃乳头周边出血(如图5-6)。肠道有不同程度的炎症、出血;气管和支气管还出现卡他性炎症,病鸡极度消瘦,肌肉脱水。

(4)生殖道型。蛋鸡的卵巢通常正常,输卵管壶腹部萎缩,下段输卵管出现炎症和积液症状,严重时积液可充满整个腹腔(如图5-7)。

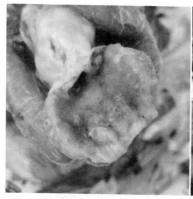

图5-6 腺胃壁增厚、腺胃出血　　　图5-7 病鸡输卵管严重积液,充满腹腔

4.诊断

(1)临床诊断。根据鸡传染性支气管炎特征性症状和解剖病理变化可做出初步诊断。

(2)实验室诊断。实验室诊断包括病毒分离培养和鉴定、反转录聚合酶链式反应(RT-PCR)进行病原检测,也可通过琼脂扩散试验或酶联免疫吸附试验等进行血清学诊断。

(3)鉴别诊断。本病应注意与新城疫、传染性喉气管炎和鸡传染性鼻炎相区别。新城疫发病和死亡比本病严重,新城疫还可引起神经症状。传染性喉气管炎为出血性气管炎,病鸡常咳血痰,呼吸道症状更严重,并且雏鸡少发。鸡传染性鼻炎常见面部肿胀,而本病很少见到这种症状。

5.预防

(1)疫苗免疫。鸡传染性支气管炎有活疫苗和灭活疫苗。目前国内流

行的毒株以 QX 型为优势毒株,建议选用疫苗含有 QX 型疫苗株。可在 5~
7 日龄首免,活疫苗进行滴鼻、点眼;30~50 日龄进行二免,采用活疫苗进
行 2 倍量饮水免疫;开产前再用灭活疫苗肌注免疫一次。

(2)加强饲养管理。控制鸡群密度,注意鸡舍内外环境的变化,在做好
保温的同时做好鸡舍通风,防止氨气等有害气体对呼吸道的刺激。全面
搭配饲料的营养水平,在雏鸡饲料中适当补充维生素和矿物质,特别是
维生素 A 对预防本病有意义。

6.治疗

目前本病尚无有效的治疗药物,在改善饲养管理条件的基础上,可使
用抗病毒中药进行治疗,若有呼吸道症状,可用泰乐菌素等控制呼吸道
的继发感染,对于肾型病例,除了降低饲料中蛋白质水平,还可以用一些
通肾护肝的药物进行治疗,有一定效果。对于腺胃型和生殖道型的病鸡,
多以隔离淘汰和消毒等措施进行处理。

五 鸡传染性喉气管炎

鸡传染性喉气管炎是由传染性喉气管炎病毒引起的一种急性接触性
传染病。

1.流行特点

各日龄鸡均可感染发病,但以成年鸡常见,雏鸡发病少见。本病一年
四季均可发生,但以冬春季节多发。本病在同群鸡中传播速度快,群间传
播速度较慢;发病率高,但死亡率低。病鸡、康复后的带毒鸡和无症状的
带毒鸡是主要传染源。本病经呼吸道、眼睛及消化道感染。

2.临床症状

病鸡初期有鼻液,半透明状,眼流泪,伴有结膜炎,其后表现为特征性
的呼吸道症状,呼吸困难(抬头呼吸、张口呼吸),打喷嚏、咳嗽。严重的病

例出现高度呼吸困难,痉挛咳嗽,发出尖叫或鸣笛声,可咳出带血的黏液,可污染喙角、头部羽毛、墙壁及鸡笼。严重时可因喉头渗出物阻塞造成病鸡突然窒息死亡。产蛋鸡发病时除有呼吸道症状外,还会出现产蛋量下降,畸形蛋增加。

3.病理变化

主要病变在喉头和气管,咽喉部可见大量浓稠的黏液,切开喉头和气管可见附着一层带血的黄白色干酪样阻塞物,拨开干酪样阻塞物可见气管黏膜严重出血(如图5-8)。产蛋鸡可见卵巢变性和出血等病变。病鸡出现结膜炎时,部分病例可见眶下窦中充满白色干酪样渗出物。

图5-8 病鸡喉头存在干酪样阻塞物,气管黏膜严重出血

4.诊断

(1)临床诊断。根据病鸡张口呼吸、咳嗽并咳出带血黏液以及特征性的喉头病变可做出初步诊断。

(2)实验室诊断。本病抗原的检测方法有荧光抗体法、琼脂扩散试验、中和试验、聚合酶链式反应(PCR)和酶联免疫吸附试验(ELISA)。

5.预防

在本病流行的地区可以选择疫苗免疫,目前使用的有鸡痘-喉气管炎二联活疫苗和鸡传染性喉气管炎灭活疫苗。15~20日龄首免,鸡痘-喉气管炎二联活疫苗刺种;开产前再加强免疫一次。

6.治疗

本病无特效的治疗药物,但使用一些抗病毒中药以及对症药物可降低发病率和死亡率,对于周围受威胁的假定健康鸡群,可采用活疫苗进行紧急免疫。此外,还要加强饲养管理,做好环境消毒工作。

六 鸡痘

鸡痘是鸡痘病毒感染引起的一种接触性传染病,本病的特征是在鸡身上无毛或羽毛少的皮肤上长痘疹,或在鸡口腔、咽喉黏膜上形成纤维素性、坏死性假膜。

1.流行特点

各日龄鸡均能感染发病,本病一年四季均可发生,以夏秋季节、蚊虫较多的时候多发。传播途径是通过损伤皮肤、消化道和呼吸道黏膜等进行传播,也可通过蚊虫叮咬等进行传播。

2.临床症状

本病根据发病部位的不同,可分为3种类型,即皮肤型、黏膜型和混合型。

(1)皮肤型。在鸡体无毛或被毛较稀少的地方出现痘疹,尤其好发生在鸡冠和肉髯、下腹部以及腿等部位。初期为灰白色结节,而后转变为红色的丘疹,逐渐增大,变为黄褐色,最后结痂。有时相邻的痘疹会互相融合,形成较大的疣状结节。剥去痂皮可露出出血病灶。本型的病鸡仅表现为皮肤症状,而不出现其他的全身性症状。产蛋鸡在发生本病后会出现产蛋量下降。

(2)黏膜型。痘疹主要出现在口腔内及咽喉和气管等部位的黏膜表面。最初为白色的结节,而后逐渐增大和融合,呈黄白色的假膜覆盖于黏膜

表面。假膜增大和增厚,会影响鸡的呼吸和吞咽,导致其不能采食,鸡消瘦甚至死亡。该型死亡率可高达 50%。

(3)混合型。本型是由皮肤型和黏膜型 2 种类型的鸡痘同时发生,通常具有 2 种类型的临床特征,死亡率较高。

3.病理变化

皮肤型的病鸡剖检可见其上皮组织增生,表面有大小不等的结节,外观颜色为黄褐色。在结节处切开后可见有出血,当后期形成结痂后,结痂脱落会出现瘢痕。黏膜型病鸡通常在口腔或咽喉处形成黄白色的假膜(如图 5-9)。将假膜剥离,可见假膜下有糜烂和出血,有时炎症蔓延可引起眶下窦肿胀和食管发炎。内脏气管一般无肉眼可见的病变。

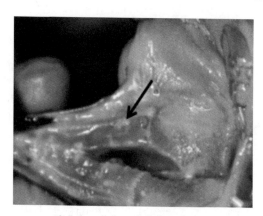

图 5-9 病鸡口腔内有大量痘斑

4.诊断

(1)临床诊断。典型的鸡痘病例可通过皮肤或口腔的黏膜病变做出初步诊断。

(2)实验室诊断。确诊时将鸡痘的痘痂剥离后加入生理盐水,按照 1:5 比例制成悬浮液,接种于 9~12 日龄鸡胚,经过 5~7 天可见在绒毛膜上有痘斑。接种到易感鸡(或 SPF 鸡),皮肤上出现典型的痘疹即可确诊。此外,本病的诊断还可采用琼脂扩散试验、酶联免疫吸附试验及 PCR 试验等进行实验室检测。

5.预防

(1)预防免疫。目前使用的疫苗为鸡痘活疫苗。20日龄左右首免,翅膀皮肤刺种;开产前进行二免,可获得良好的免疫保护力。刺种后3~5天,刺种部位若出现红肿、水疱及结痂,表明免疫成功,否则应进行补免。

(2)加强卫生管理。通过加强环境卫生控制,定期对鸡舍内外进行清扫并彻底消毒,消灭环境中的吸血昆虫等可有效预防本病。在养殖过程中,避免鸡只出现外伤,在天气炎热的季节,要注意消灭蚊虫等。

6.治疗

如鸡群处于发病早期,可对全群进行鸡痘疫苗紧急免疫。对于发病较多的鸡群,可采用抗病毒中药进行全群治疗,对病鸡皮肤上的痘痂可用镊子小心剥离,伤口涂抹甲紫、碘甘油等进行消毒。对黏膜型的鸡痘,可用镊子剥掉口腔黏膜上的假膜,再用1%高锰酸钾进行冲洗,并涂上碘甘油。此外,可在饲料或饮水中添加广谱抗生素,防止继发细菌感染。

七 鸡白血病

鸡白血病是由禽白血病肉瘤病毒引起的鸡良性或恶性肿瘤的传染病。

1.流行特点

自然条件下,该病毒只感染鸡,日龄越小感染性越强,但由于潜伏期长,因此病例多见于14~30周龄。近年来本病的发病日龄有扩大趋势,10周龄甚至更早发病的均有报道。本病的传染源是病鸡和带毒鸡,可通过种蛋垂直传播,也可通过和病鸡、带毒鸡的直接或间接接触发生水平传播,但以垂直传播为主。此外,饲养管理水平、应激等因素可影响本病的发病率。

2.临床症状

不同类型的禽白血病感染后表现出的症状有所不同，临床上主要表现为内脏肿瘤型和血管瘤型。

（1）内脏肿瘤型。病鸡精神委顿，鸡冠和肉髯苍白，采食量下降，鸡体消瘦，时常排出黄绿色稀粪。有的病鸡腹部肿大，用手可触及肿大的内脏或肿瘤块。产蛋鸡停止产蛋，病鸡最终衰竭死亡。该病初期多为隐性感染，发病率和鸡群的感染率有关，发病鸡死亡率高。

（2）血管瘤型。病鸡精神沉郁、食欲减退，鸡冠苍白，消瘦。在脚趾、胸部及翅膀等皮肤可见高出皮肤的血疱，有时皮肤血疱破损后流血不止；有时会因内脏血管瘤破裂出血而快速死亡。

3.病理变化

内脏肿瘤型病鸡极度消瘦，胸骨突出，剖检可见病死鸡的内脏器官如肝脏、脾脏、肾脏、心脏等形成肿瘤结节，尤其是肝脏和脾脏肿大明显，常称为"大肝大脾"病（如图5-10）。肿瘤的形状多呈结节状、栗粒状或弥散性生长。血管瘤型病鸡消瘦，在脚趾、胸部及翅膀等皮肤可见高出皮肤的血疱。剖检内脏可见肝脏表面浆膜层下也有出血块（如图5-11），肠系膜也可见血疱。有些病例同时兼有内脏肿瘤型和血管瘤型的病变。

图5-10　脾脏肿大，大量淋巴样肿瘤

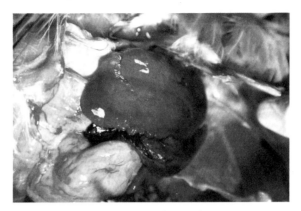

图 5-11　肝脏血管瘤破裂出血

4.诊断

通过特征性的临床症状和病理变化可进行初步诊断。实验室诊断可通过反转录聚合酶链式反应(RT-PCR)、酶联免疫吸附试验以及病毒分离方法进行诊断。

5.防治

本病目前尚无疫苗可预防,也没有有效的药物进行治疗,原则上要对病鸡进行淘汰处理。本病的预防措施包括:

(1)做好种鸡的检测净化工作,检测的阳性带毒鸡应及时淘汰,不能留做种用,减少本病的垂直传播。

(2)购进鸡苗或种蛋应从已开展禽白血病净化的种鸡场引进。

(3)做好种蛋、孵化设备和出雏室的消毒工作,减少本病的早期感染风险。

(4)加强鸡群饲养管理,减少应激,有助于降低本病的发生率。

八　鸡支原体病

鸡支原体病又称鸡霉形体病。当前对养鸡业危害最大的主要为鸡毒支原体和鸡滑液囊支原体两种。

1.流行特点

（1）鸡毒支原体病。不同日龄鸡均可感染本病，以 1~2 月龄鸡常见，成年鸡多呈隐性经过和散发，本病可水平传播，也可通过种蛋垂直传播。一年四季均可发生，但在寒冷潮湿、气候多变时易发。感染鸡毒支原体后鸡的呼吸道黏膜易被破坏，特别是气囊，使得患病后期易于继发大肠杆菌、肺炎球菌以及某些病毒性疾病，使病情进一步加重。

（2）鸡滑液囊支原体病。可感染任何日龄鸡，多见于 4~16 周龄，本病可经水平传播，也可经种蛋垂直传播，发病率 5%~15%，死亡率 1%~10%。

2.临床症状

（1）鸡毒支原体病。病鸡生长缓慢，吃料减少，病鸡消瘦，表现为流浆液性鼻液、咳嗽、流眼泪，眶下窦和鼻窦发炎肿胀，眼球突出如"金鱼眼"，甚至失明。产蛋鸡产蛋量下降，破壳、软壳蛋增多，种蛋孵化率下降，弱雏增加，本病呈慢性经过，病程可持续 1 个月以上，并且随着天气变化而反复发作。

（2）鸡滑液囊支原体病。病鸡跛行，爪垫肿胀，常伴胸骨囊肿或关节肿大，同时病鸡生长缓慢，发育不良，有时鸡群还有轻度的呼吸道症状。

3.病理变化

（1）鸡毒支原体病。病变主要集中在鼻腔、眶下窦、气管和气囊，发病早期气管内有黏液气囊增厚、浑浊，并有干酪样渗出物；随着病程的延长，鼻腔内有清亮或浓稠的黏液，眶下窦内蓄积大量的黏液性或干酪样物，造成眼球肿胀，瞎眼；临床病例多见和大肠杆菌混合感染，可形成心包炎、肝周炎、气囊炎等病变（如图 5-12）。

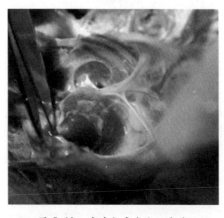

图 5-12　病鸡气囊炎和心包炎

（2）鸡滑液囊支原体病。病鸡肿胀的爪垫、关节内、胸骨滑膜囊内有黏稠的浆液性渗出物（如图 5-13），随着病程的发展，在病鸡的腱鞘和气囊上均可见到干酪样渗出物（如图 5-14），有呼吸道症状的病鸡还可见气囊浑浊等病变。

图 5-13 病鸡滑膜囊内存在浆液性渗出物

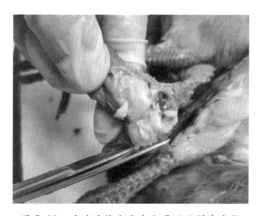

图 5-14 病鸡关节内存在大量干酪样渗出物

4.诊断

（1）临床诊断。根据本病的流行特点、临床症状和病理变化可做出初步诊断。

（2）实验室诊断。实验室检测可采集病料进行支原体的培养鉴定；对没有接种支原体疫苗的鸡群，检测血清抗体可以表明是否感染本病，也

可采用聚合酶链式反应(PCR)或实时荧光 PCR 等分子生物学检测方法进行确诊。

5.预防

(1)加强饲养管理,严格卫生消毒。坚持"全进全出"管理制度,确保饲料营养全面均衡,适当增加维生素 A 的含量;减少应激,控制饲养密度,注意通风,防止鸡舍温度突然变化。

(2)疫苗免疫。鸡支原体疫苗有活疫苗和灭活疫苗,活疫苗主要用于雏鸡的免疫,可以降低气囊炎的发病率。由于支原体对抗生素敏感,免疫期间不能使用抗菌药物。灭活疫苗主要用于雏鸡和种鸡的免疫,雏鸡在 15 日龄进行皮下注射免疫,种鸡在开产前进行加强免疫 1 次,可减少鸡支原体的垂直传播。

(3)药物预防。可在育雏育成期安排 2~3 次预防性用药,使用大环内酯类药物(如泰乐菌素、替米考星等)、延胡索酸泰妙菌素或林可大观霉素等进行预防用药,具体用量应参照药品使用说明书。

(4)检疫净化。引进种鸡时,应严格检疫,严防引进鸡支原体感染鸡。种鸡场可加强种鸡支原体检测,及时淘汰阳性鸡,净化种鸡群。

6.治疗

对发病鸡群可选用泰乐菌素、泰妙菌素、多西环素、环丙沙星、替米考星、大观霉素等药物进行治疗,对于有大肠杆菌混合感染的病例,可结合使用氟苯尼考、头孢噻呋等敏感抗菌药进行治疗。本病易于复发,并且容易产生耐药性,所以治疗药物应轮换使用,并保证足够的疗程。

(九)鸡大肠杆菌病

鸡大肠杆菌病是由多种血清型致病性大肠杆菌血清引起鸡出现不同感染病症的总称,临床上以败血症型、"三炎"型(心包炎、肝周炎、气囊炎)和卵黄性腹膜炎型最为常见。

1.流行特点

本病一年四季均可发生,并且和鸡场的饲养管理水平、环境卫生条件密切相关。在饲养管理不良、卫生条件差的鸡场发病比较严重。本病对雏鸡的危害大,成年鸡有一定的抵抗力。

2.临床症状

(1)败血症型。有的病鸡不表现症状,突然死亡,皮肤瘀血,血液呈暗黑色、凝固不良;部分病鸡食欲减退或废绝、拉黄绿色稀粪、精神极度萎靡,后期严重脱水衰竭而亡,死亡率可高达100%。

(2)"三炎"型。主要继发于鸡支原体病,临床上以精神委顿、拉稀消瘦,并表现出呼吸道症状;零星死亡,病程长,遇到不良环境应激病情加重,死亡率增加。

(3)卵黄性腹膜炎。常见于产蛋期蛋鸡,该病是由于产蛋鸡卵巢上的卵泡萎缩、破裂落于腹腔形成,病鸡表现为精神沉郁、拉黄白色稀粪,肛门突出,腹部膨大,停止产蛋。死亡率较高。大肠杆菌感染还会造成雏鸡的脐炎、卵黄吸收不良以及鸡的眼炎等。

3.病理变化

(1)败血症型。病鸡皮肤出血、瘀血,肝脏肿大,肝脏表面散在白色坏死,肠道黏膜充血出血,肾脏肿大充血。

(2)"三炎"型。心包增厚、浑浊,心外膜有纤维素样渗出物,严重的会出现心脏和心包膜粘连;肝脏肿大,肝脏表面有一层白色纤维素性渗出物附着(如图5-15),有时可见肝脏表面有坏死点;气囊浑浊、增厚,严重时可见气囊存在黄色干酪样渗出物附着。

图 5-15　病鸡肝周炎

（3）卵黄性腹膜炎。卵巢变性（如图5-16），输卵管病变萎缩或水肿，腹腔充满黄色腥臭的纤维素性渗出物，有时渗出物的水分被吸收后呈干酪样。

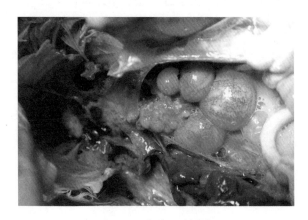

图 5-16　卵黄性腹膜炎

肠系膜和气囊出现炎症，甚至粘连。脐炎症状主要是脐部收缩不良，卵黄吸收不彻底。眼炎病例常见眼部肿大，有时可见脓性渗出物，严重的可导致眼睛失明。

4.诊断

根据本病的流行特点、症状和病理变化可做出初步诊断，确诊需要在实验室进行细菌分离培养和鉴定。由于本病易于继发于其他传染病，因此在临床上要对单纯性大肠杆菌病和继发大肠杆菌感染进行鉴别诊断。

5.预防

（1）加强饲养管理。大肠杆菌是环境条件性疾病,加强饲养管理,做好鸡舍、孵化室及育雏舍的环境卫生,保持鸡舍良好通风,温度适宜,做好定期消毒。做好鸡支原体和禽流感等易于继发大肠杆菌感染的疫病防控,可有效减少本病的发生。

（2）疫苗免疫。目前禽大肠杆菌多价灭活疫苗可以用于该病的预防,一般免疫程序为 7~15 日龄首免,25~35 日龄二免,在 120~140 日龄进行三免。

6.治疗

治疗大肠杆菌的药物有很多,如氟苯尼考、环丙沙星、恩诺沙星、头孢噻呋、庆大霉素、硫酸新霉素等。由于大肠杆菌血清型众多,且极易产生耐药性,因此临床用药最好可以通过药敏试验筛选出敏感药物进行治疗。用药时也要考虑不同类型的敏感抗生素轮换交替使用,防止产生耐药性。

十 鸡沙门菌病

鸡沙门菌病是由不同血清型沙门菌感染诱发的细菌性疾病,临床上主要包括鸡白痢、鸡伤寒和鸡副伤寒。

1.流行特点

（1）鸡白痢。鸡白痢是由鸡白痢沙门菌引起的一种主要侵害雏鸡的细菌传染病。本病主要侵害 2~3 周龄的雏鸡,成年鸡多为隐性带菌感染,并通过种蛋进行垂直传播。一年四季均可发病,饲养管理条件差、长途运输、密度过大、通风不良、育雏舍温度控制不好等因素,均可诱发本病或加剧本病的危害。

(2)鸡伤寒。鸡伤寒是由鸡伤寒沙门菌引起的一种败血性细菌病。本病主要发生于成年鸡,传播途径包括种蛋垂直传播和水平传播。

(3)鸡副伤寒。由沙门菌属中除鸡白痢沙门菌和鸡伤寒沙门菌之外其他血清型所引起的鸡细菌病,统称为鸡副伤寒。本病常见于 2 周龄左右的雏鸡,超过 4 周龄的鸡很少死亡,成年鸡往往为自然携带者,传播途径包括水平传播和垂直传播。

2.临床症状

(1)鸡白痢。病鸡通常从 5~7 日龄开始发病,2~3 周龄是死亡高峰。病鸡主要表现为精神委顿,食欲减少,畏冷打堆,拥挤在一起。同时拉稀,排稀薄如白色糨糊状粪便,致肛门周围被粪便污染,有时因粪便干结封住肛门,由于肛门周围炎症引起疼痛,故常发出尖锐的叫声,最后因呼吸困难及心力衰竭而死亡;有时出现呼吸道症状,张口呼吸。成年鸡多呈慢性或隐性,表现为消瘦,拉稀,肛门污秽,产蛋量下降等。

(2)鸡伤寒。潜伏期一般为 4~5 天。本病常发生于中鸡和成年鸡。急性病例主要表现为突然停食、精神委顿、排黄绿色稀粪、羽毛松乱、冠和肉髯苍白而皱缩。体温上升 1~3 ℃,病鸡可迅速死亡,但通常在 5~10 天后死亡。病死率一般为 10%~50%或更高。雏鸡有时也可发病,其临床症状和鸡白痢相似。

(3)鸡副伤寒。成年鸡感染后多为无症状的隐性感染,成为带菌者,并且持续较长时间,雏鸡发生副伤寒和鸡白痢、鸡伤寒很相似,急性病例死亡快,死亡前无明显临床症状。慢性病例主要表现精神委顿、羽毛松乱、排水样稀粪、肛门周围有粪便污染。如种鸡存在感染,则种蛋在孵化过程中出现较多的死胚。

3.病理变化

(1)鸡白痢。1 周龄内病雏可见脐部愈合不良,卵黄吸收不良。病雏鸡主要表现为脱水,肝脏肿大,肝脏表面有大小不等的坏死斑点;心肌有灰白色的肉芽肿。肠道有不同程度的炎症,盲肠肿大,内有白色干酪样的"肠芯"。肾脏肿大,输尿管有尿酸盐沉积。中大鸡主要为肝脏肿大、质地脆,表面呈土黄色或有坏死斑。产蛋鸡除具有上述病变外,还可见卵泡变性、卵黄性腹膜炎病症。

(2)鸡伤寒。急性死亡病例往往看不到明显的病变。亚急性和慢性病例可见肝脏肿大呈青铜色,有时可见肝脏和心脏有灰白色栗状坏死灶,有的病例出现心包炎。成年鸡有卵巢炎、腹膜炎,公鸡可见睾丸炎。

(3)鸡副伤寒。雏鸡消瘦,卵黄吸收不良,肝脏呈古铜色(如图5-17),表面散布点状或条纹状出血及坏死点,出现心包炎、气囊炎、肠道炎症,盲肠肿大,内含干酪样渗出物,成年鸡可见卵巢炎、腹膜炎等病理变化。

图5-17 病鸡肝脏呈古铜色

4.诊断

根据本病流行特点、症状以及病理变化,可以做出初步诊断,要确诊需要对肝脏等病变明显的组织进行细菌培养、镜检和鉴定。此外,还可采用全血平板凝集试验检测成年鸡的隐性感染。

5.预防

(1)种鸡净化。鸡白痢沙门菌可通过种蛋垂直传播,所以在种鸡的选

育过程中应做好鸡白痢检疫。在 16~17 周龄通过全血平板凝集试验对全群进行血清学检测,淘汰阳性鸡,每隔 1 个月复检 1 次,直至全群阳性率低于 1%,进入净化维持阶段。对净化后的阴性种鸡群,应对实际存栏数的 3%~5% 进行抽检,以巩固净化效果。

(2)严格消毒。种鸡场要对种蛋、孵化器、出雏室以及其他用具进行严格消毒,同时种鸡群要进行定期带鸡消毒。

(3)药物预防。目前国内很多规模化种鸡场已经开展了鸡白痢的净化,雏鸡出现鸡白痢的情况已很少发生,但在一些自繁自养或规模较小的鸡场本病仍有发生。对有发病风险的雏鸡,可在育雏的头几天添加预防量的抗菌药物(如环丙沙星、头孢噻呋等)进行预防,在用药期间可在饲料或饮水中添加复合维生素,减少应激。

6.治疗

治疗鸡白痢沙门菌的药物和方案很多,其中比较常见的有环丙沙星、恩诺沙星、头孢噻呋、氟苯尼考、新霉素等,具体用法用量应参考药物使用说明,如有条件,可对沙门菌进行分离培养后,通过药敏试验选择高免抗菌药物进行临床治疗。鸡伤寒和鸡副伤寒的防治,参考鸡白痢的防治措施。

十一 鸡传染性鼻炎

鸡传染性鼻炎是由副鸡嗜血杆菌引起的一种急性上呼吸道传染病。

1.流行特点

本病主要发生在 4 周龄以上的鸡,雏鸡对该病有一定的抵抗力,该病一年四季均可发生,但秋冬季节常见。病鸡和带菌鸡是主要传染源,慢性感染或隐性感染鸡是鸡群发病和长期流行的重要因素。本病可通过直接接触传播和空气传播。

2.临床症状

病鸡出现流鼻涕、打喷嚏,初期流出清亮的浆液性分泌物,随后转为黏性分泌物,病鸡眼睛红肿、流泪,严重时可出现眼睑粘连而导致失明,一侧或双侧眼部肿胀(如图 5-18),公鸡肉髯常见明显肿胀。育成鸡发育迟缓。产蛋鸡产蛋率明显下降,发病率高达 90%,但只出现个别鸡死亡。

图 5-18　病鸡眼睛肿胀导致失明

3.病理变化

主要见鼻腔、眶下窦和眼结膜出现急性卡他性炎症,面部肉髯的皮下发生水肿,切开鼻腔或眶下窦可流出大量黄色干酪样分泌物(如图 5-19)。

图 5-19　病鸡眶下窦存在大量黄色干酪样分泌物

4.诊断

(1)临床诊断。本病根据发病急、传播快、发病率高、死亡率低的流行特点和鼻面部的病变可做出初步诊断,进一步诊断须经实验室操作。

(2)实验室诊断。①染色镜检。取病鸡的眼、鼻腔和眶下窦分泌物,图片染色后镜检,可见革兰阴性的散在小球杆菌。

②细菌分离培养和鉴定。取眶下窦、鼻腔分泌物接种于血琼脂平板上,再用金黄色葡萄球菌做交叉画线,置于 37 ℃环境下培养 1~2 天,可见金黄色葡萄球菌菌落周围剩下一些半透明、露珠状的小菌落,可通过革兰染色、镜检和生化检测进行鉴定。

③血清学检测。常用的血清型诊断方法包括平板凝集试验、琼脂扩散试验、血凝和血凝抑制试验等。

④分子生物学方法检测。PCR 检测是目前较为快速、灵敏和特异性的检测方法,病鸡的鼻腔分泌物、培养的疑似菌落等均可进行 PCR 检测。

5.预防

(1)加强饲养管理。加强饲养管理,改善鸡舍通风,降低空气中的粉尘和有害气体,提供营养均衡的饲料,有助于提高鸡群抵抗力。

加强鸡场消毒工作,采用全进全出的饲养方式,加强鸡舍的清洗消毒和带鸡消毒工作,对病愈鸡要隔离饲养,在饮水中要定期添加含氯消毒药进行饮水消毒,对发生过本病的鸡场可定期安排预防性用药。

(2)预防免疫。目前国内已有本病的灭活疫苗,包括单价、二价和三价灭活疫苗,一般在 4~6 周龄皮下或肌肉注射 1 次,开产前加强免疫 1 次,对本病有较好的预防效果。

6.治疗

治疗鸡传染性鼻炎的药物很多,磺胺类药物或其他抗生素(土霉素、

链霉素、环丙沙星、头孢噻呋等）对本病均有效果，其中磺胺甲噁唑效果较好，对个别严重的病鸡可采用青链霉素肌肉注射，也可取得一定效果。